工程建设安全技术与管理丛书

 建筑工程施工重大安全
隐患防治

丛书主编　徐一骐

本书主编　王建民

中国建筑工业出版社

图书在版编目（CIP）数据

建筑工程施工重大安全隐患防治/王建民本书主编.—北京：中国建筑工业出版社，2016.12

（工程建设安全技术与管理丛书）

ISBN 978-7-112-20127-3

Ⅰ.①建…　Ⅱ.①王…　Ⅲ.①建筑工程－安全管理

Ⅳ.① TU714

中国版本图书馆 CIP 数据核字（2016）第 289310 号

　　建筑工程需要施工单位在施工现场配备高素质的管理团队，采用先进的管理技术，雇佣具备基本技术素养和安全意识的技术工人。但是，由于种种原因，施工现场安全事故一直得不到有效地遏制。为了有效地防治安全隐患，防止或减少安全事故的发生，本书从建筑施工安全事故发生的原因分析着手，对建筑工程安全隐患的分类、安全隐患的辨识方法、查找流程和判定进行了论述，提出了安全隐患的预防和治理的程序、方法和措施。

　　本书可供从事建筑工程的技术、管理和施工人员阅读使用，也可作为技术培训教材及大专院校师生参考书。

责任编辑：郦锁林　赵晓菲　朱晓瑜
版式设计：京点制版
责任校对：李欣慰　李美娜

工程建设安全技术与管理丛书
建筑工程施工重大安全隐患防治
丛书主编　徐一骐
本书主编　王建民
＊
中国建筑工业出版社出版、发行（北京海淀三里河路9号）
各地新华书店、建筑书店经销
北京京点图文设计有限公司制版
北京同文印刷有限责任公司印刷
＊
开本：787×1092 毫米　1/16　印张：14¾　字数：273 千字
2017 年 3 月第一版　2019 年 4 月第二次印刷
定价：**38.00** 元
ISBN 978-7-112-20127-3
　　（29614）

丛书编委会

丛书主编：徐一骐

副 主 编：吴恩宁　吴　飞　邓铭庭　牛志荣　王立峰
　　　　　杨燕萍

编　　委：徐一骐　吴　飞　吴恩宁　邓铭庭　杨燕萍
　　　　　牛志荣　王建民　黄思祖　王立峰　周松国
　　　　　罗义英　李美霜　朱瑶宏　姜天鹤　俞勤学
　　　　　金　睿　张金荣　杜运国　林　平　庄国强
　　　　　黄先锋　史文杰

本书编委会

主　　编：王建民

副 主 编：尹其平　胡开创

丛书序一

　　建筑业是我国国民经济的重要支柱产业之一，在推动国民经济和社会全面发展方面发挥了重要作用。近年来，建筑业产业规模快速增长，建筑业科技进步和建造能力显著提升，建筑企业的竞争力不断增强，产业队伍不断发展壮大。由于建筑生产的特殊性等原因，建筑业一直是生产安全事故多发的行业之一。当前，随着法律法规制度体系的不断完善、各级政府监管力度的不断加强，建筑安全生产水平在提升，生产安全事故持续下降，但工程质量安全形势依然很严峻，建筑生产安全事故还时有发生。

　　质量是工程的根本，安全生产关系到人民生命财产安全，优良的工程质量、积极有效的安全生产，既可以促进建筑企业乃至整个建筑业的健康发展，也为整个经济社会的健康发展作出贡献。做好建筑工程质量安全工作，最核心的要素是人。加强建筑安全生产的宣传和培训教育，不断提高建筑企业从业人员工程质量和安全生产的基本素质与基本技能，不断提高各级建筑安全监管人员监管能力水平，是做好工程质量安全工作的基础。

　　《工程建设安全技术与管理丛书》是浙江省工程建设领域一线工作的同志们多年来安全技术与管理经验的总结和提炼。该套丛书选择了市政工程、安装工程、城市轨道交通工程等在安全管理中备受关注的重点问题进行研究与探讨，同时又将幕墙、外墙保温等热点融入其中。丛书秉着务实的风格，立足于工程建设过程安全技术及管理人员实际工作需求，从设计、施工技术方案的制定、工程的过程预控、检测等源头抓起，将各环节的安全技术与管理相融合，理论与实践相结合，规范要求与工程实际操作相结合，为工程技术人员提供了可操作性的参考。

　　编者用了五年的时间完成了这套丛书的编写，下了力气，花了心血。尤为令人感动的是，丛书编委会积极投身于公益事业，将本套丛书的稿酬全部捐出，并为青川灾区未成年人精神家园的恢复重建筹资，筹集资金逾千万元，表达了一个知识群体的爱心和塑造价值的真诚。浙江省是建筑大省和文化大

4

省，也是建筑专业用书的大省，本套丛书的出版无疑是对浙江省建筑产业健康发展的支持和推动，也将对整个建筑业的质量安全水平的提高起到促进作用。

郭元冲

2015 年 5 月 6 日

丛书序二

《工程建设安全技术与管理丛书》就要出版了。编者邀我作序,我欣然接受,因为我和作者们一样都关心这个领域。这套丛书对于每一位作者来说,是他们对长期以来工作实践积累进行总结的最大收获。对于他们所从事的有意义的活动来说,是一项适逢其时的重要研究成果,是数年来建设领域少数涉及公共安全技术与管理系列著述的力作之一。

当今,我国正在进行历史上规模最大的基本建设。由于工程建设活动中的投资额大、从业人员多、建设规模巨大,设计和建造对象的单件性、施工现场作业的离散性和工人的流动性,以及易受环境影响等特点,使其安全生产具有与其他行业迥然不同的特点。在当下,我国经济社会发展已进入新型城镇化和社会主义新农村建设双轮驱动的新阶段,这使得安全生产工作显得尤为紧迫和重要。

工程建设安全生产作为保护和发展社会生产力、促进社会和经济持续健康发展的一个必不可少的基本条件,是社会文明与进步的重要标志。世界上很多国家的政府、研究机构、科研团队和企业界,都在努力将安全科学与建筑业的许多特点相结合,应用安全科学的原理和方法,改进和指导工程建设过程中的安全技术和安全管理,以期达到减少人员伤亡和避免经济损失的目的。

我们在安全问题上面临的矛盾是:一方面,工程建设活动在创造物质财富的同时也带来大量不安全的危险因素,并使其向深度和广度不断延伸拓展。技术进步过程中遇到的工程条件的复杂性,带来了工程安全风险、安全事故可能性和严重度的增加;另一方面,人们在满足基本生活需求之后,不断追求更安全、更健康、更舒适的生存空间和生产环境。

未知的危险因素的绝对增长和人们对各类灾害在心理、身体上承受能力相对降低的矛盾,是人类进步过程中的基本特征和必然趋势,这使人们诉诸于安全目标的向往和努力更加迫切。在这对矛盾中,各类危险源的认知和防控是安全工作者要认真研究的主要矛盾。建设领域安全工作的艰巨性在于既要不断深入地控制已有的危险因素,又要预见并防控可能出现的各种新的危险因素,以满足人们日益增长的安全需求。工程建设质量安全工作者必须勇敢地承担起这个艰巨且义不容辞的社会责任。

本丛书的作者们都是长期活跃在浙江省工程建设一线的专业技术人员、管理人员、科研工作者和院校老师，他们有能力，责任心强，敢担当，有长期的社会实践经验和开拓创新精神。

5年多来，丛书编委会专注于做两件事。一是沉下来，求真务实，在积累中研究和探索，花费大量时间精力撰写、讨论和修改每一本书稿，使实践理性的火花迸发，给知识的归纳带来了富有生命力的结晶；二是自发开展丛书援建灾区活动，知道这件事情必须去做，知道做的意义，而且在投入过程中掌握做事的方法，知难而上，建设性地发挥独立思考精神。正是在这一点上，本丛书的组织编写和丛书援建灾区系列活动，把用脑、用心、用力、用勤和高度的社会责任感结合在一起，化作一种自觉的社会实践行动。

本着将工程建设安全工作做得更深入、细致和扎实，本着让从事建设的人们人人都养成安全习惯的想法，作者们从解决工程一线工作人员最迫切、最直接、最关心的实际问题入手，目的是为广大基层工作者提供一套全面、可用的建设安全技术与管理方法，推广工程建设安全标准规范的社会实践经验，推行知行合一的安全文化理念。我认为这是一项非常及时和有意义的事情。

再就是，5年多前，正值汶川特大地震发生后不久灾后重建的岁月。地震所造成的刻骨铭心的伤痛总是回响在人们耳畔，惨烈的哭泣、哀痛的眼神总是那么让人动容。丛书编委会不仅主动与出版社签约，将所有版权的收入捐给灾区建设，更克服了重重困难，历经5年多的不懈努力，成功推动了极重灾区四川省青川县未成年人校外活动中心的建设。真情所至，金石为开。用行动展示了建设工作者的精神风貌。

浙江省是建筑业大省，文化大省，我们要铆足一股劲，为进一步做好安全技术、管理和安全文化建设工作而努力。时代要求我们在继续推进建设领域的安全执法、安全工程的标准化、安全文化和教育工作过程中，要有高度的责任感和信心，从不同的视野、不同的起点，向前迈进。预祝本套丛书的出版将推进工程建设安全事业的发展。预祝本套丛书出版成功。

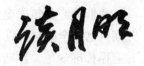

2015 年 1 月

丛书序三

　　安全是人类生存与发展活动中永恒的前提，也是当今乃至未来人类社会重点关注的重要议题之一。作为一名建筑师，我看重它与工程和建筑的关系，就如同看重探索神圣智慧和在其建筑法则规律中如何获取经验。工程建设的发展史在某种意义上说是解决建设领域安全问题的奋斗史。所以在本套丛书行将问世之际，我很高兴为之作序。

　　在世界建筑史上，维特鲁威最早提出建筑的三要素"实（适）用、坚固、美观"。"实用"还是"适用"，翻译不同，中文意思略有差别；而"坚固"，自有其安全的内涵在。20世纪50年代以来，不同的历史时期，我国的建筑方针曾有过调整。但从实践的角度加以认识，"安全、适用、经济、美观"应该是现阶段建筑设计的普遍原则。

　　建筑业是我国国民经济的重要支柱产业之一，也是我国最具活力和规模的基础产业，其关联产业众多，基本建设投资巨大，社会影响较大。但建筑业又是职业活动中伤亡事故多发的行业之一。

　　在建筑物和构筑物施工过程中，不可避免地存在势能、机械能、电能、热能、化学能等形式的能量，这些能量如果由于某种原因失去了控制，超越了人们设置的约束限制而意外地逸出或释放，则会引发事故，可能导致人员的伤害和财物的损失。

　　建筑工程的安全保障，需要有设计人员严谨的工作责任心来作支撑。在1987年的《民用建筑设计通则》JGJ 37—1987中，对建筑物的耐久年限、耐火等级就作了明确规定。要求必需有利于结构安全，它是建筑构成设计最基本的原则之一。根据荷载大小、结构要求确定构件的必须尺寸外，对零部件设计和加固必须在构造上采取必要措施。

　　我们关心建筑安全问题，包括建筑施工过程中的安全问题以及建筑本体服务期内的安全问题。设计人员需要格外看重这两方面，从图纸设计基本功做起，并遵循标准规范，预防因势能超越了人们设置的约束限制而引起的建筑物倒塌事故。

　　建筑造型再生动、耐看，都离不开结构安全本身。建筑是有生命的。美的建筑，当我们看到它时，立刻会产生一种或庄严肃穆或活跃充盈的印象。但切不可忘记，对空间尺度坚固平衡的适度把握和对安全的恰当评估。

如果说建筑艺术的特质是把一般与个别相联结、把一滴水所映照的生动造型与某个 idea 水珠莹莹的闪光相联结，那么，建筑本体的耐久性设计则使这一世界得以安全保存变得更为切实。

安全的实践知识是工程的一部分，它为工程师们提供了判别结构行为的方法。在一个成功的工程设计中，除了科学，工程师们还需要更多不同领域的知识和技能，如经济学、美学、管理学等。所以书一旦写出来，又要回到实践中去。进行交流很有必要，因为实践知识、标准给予了我们可靠的、可重复的、可公开检验的接触之门。

2008 年 5 月 12 日我国四川汶川地区发生里氏 8 级特大地震后，常存于我们记忆中的经验教训，便是一个突出例证。强烈地震发生的时间、地点和强度迄今仍带有很大的不确定性，这是众所周知的；而地震一旦发生，不设防的后果又极其严重。按照《抗震减灾法》对地震灾害预防和震后重建的要求，需要通过标准提供相应的技术规定。

随着我国城市轨道交通和地下工程建设规模的加大，不同城市的地层与环境条件及其相互作用更加复杂，这对城市地下工程的安全性提出了更高要求。艰苦的攀登和严格的求索，需要经历许多阶段。为了能坚持不懈地走在这一旅程中，我们需要一个巨大的公共主体，来加入并忠诚于事关安全核心准则的构建。在历史的旅程中，我们常常提醒自己，要学习，要实践，要记住开创公共安全旅程的事件以及由求是和尊重科学带来的希望。

考虑到目前我国隧道及地下工程建设规模非常之大、条件各异，且该类工程具有典型的技术与管理相结合的特点，在缺乏有效的理论作指导的情况下作业，是多起相似类型安全事故发生的重要原因。因此，在系统研究和实践的基础上，尽快制定相应的技术标准和技术指南就显得尤为紧迫。

科学技术的不断进步，使建筑形态突破固有模式而不断产生新的形态特征，这已被中外建筑史所一再证明。但不可忘记，随着建设工程中高层、超高层和地下建设工程的涌现，工程结构、施工工艺的复杂化，新技术、新材料、新设备等的广泛应用，不仅给城市、建筑物提出了更高的安全要求，也给建设工程施工安全技术与管理带来了新的挑战。

一个真正的建筑师，一个出色的建筑艺人，必定也是一个懂得如何在建筑的复杂性和矛盾性中，选择各种材料安全性能并为其创作构思服务的行家。这样的气质共同构成了自我国古代匠师之后，历史课程教给我们最清楚最重要的经验传统之一。

建筑安全与否唯一的根本之道，是人们在其对人文关怀和价值理想的反思中，如何彰显出一套更加严格的科学方法，负责任地对现实、对历史做出回答。

两年多前，同事徐一骐先生向我谈及数年前筹划编写《为了生命和家园》系列丛书的设想和努力，以及这几年丛书援建及重灾区青川县未成年人校外活动中心的经历和苦乐。寻路问学，掩不住矻矻求真的一瓣心香。它们深藏于时代，酝酿已久。人的自我融入世界事件之流，它与其他事物产生共振，并对一切事物充满热情和爱之关切。

这引起我的思索。在漫长的历史进程中，知识分子如何以独立的立场面对这种情况？他们不是随声附和的群体。而是以自己的独立精神勤于探索，敢于企求，以自己的方式和行动坚持正义，尊重科学，服务社会。奔走于祖国广袤的大地和人民之间，更耐人寻味和更引人注目，但也无法避免劳心劳力的生活。

书的写作是件艰苦之事，它要有积累，要有研究和探索；而丛书援建灾区活动，先后邀请到如此多朋友和数十家企业单位相助，要有忧思和热诚，要有恒心和担当。既要有对现实的探索和实践的总结，又要有人文精神的终极关怀和对价值的真诚奉献。

邀请援建的这一项目，是一个根据抗震设计标准规范、质量安全要求和灾区未成年人健康成长需求而设计、建设起来的民生工程。浙江大学建筑设计研究院提供的这一设计作品，构思巧妙，造型优美，既体现了建筑师的想象力和智慧，又是结构工程师和各专业背景设计人员劳动和汗水的结晶。

汶川大地震过后，人们总结经验教训，在灾区重新规划时避开地震断裂带，同时严格按照标准来进行灾区重建，以便建设一个美好家园。

岁月匆匆而过，但朋友们的努力没有白费。回到自己土地上耕耘的地方，不断地重新开始工作，耐心地等待平和曙光的到来。他们的努力留住了一个群体的爱心和特有的吃苦耐劳精神，把这份厚礼献给自己的祖国。现在，两者都将渐趋完成，我想借此表达一名建筑师由衷的祝贺！

胡理琛

2015 年 1 月

　　实践思维、理论探索和体制建设，给当代工程建设安全研究带来了巨大的推进，主要体现在对知识的归纳总结、开拓的研究领域、新的看待事物的态度以及厘清规律的方法。本着寻求此一领域的共同性依据和工程经验的系统结合，本套丛书从数年前着手筹划，作为《为了生命和家园》书系之一，其中选择具有应用价值的书目，按分册撰写出版。这套丛书宗旨是"实践文本，知行阅读"，首批 10 种即出。现将它奉献给建设界以及广大职业工作者，希望能对于促进公共领域建设安全的事业和交流有所裨益。

　　改革开放 40 年来，国家的开放政策，经济上的快速发展，社会进步的诉求和人们观念的转变，大大改变了安全工作的地位并强调了其在经济社会发展中的重要性。特别是《建筑法》和《安全生产法》的颁布实施，使此一事业的发展不仅具有了法律地位，而且大大要求其体系建设从内涵上及其自身方面提高到一个新的高度。简言之，我们需要有安全和工程建设安全科学理论与实践对接点的系统研究，我们需要有优秀的富有实践经验的安全技术和管理人才。我们何不把为人、为社会服务的人本思想融入书本的实践主张中去呢？

　　这套书的丛书名表明了一个广泛的课题：建设领域公共安全的各类活动。这是人们一直在不倦地探索的一个领域。在整个世界范围内，建筑业都是属于最危险的行业之一，因此建筑安全也是安全科学最重要的分支之一。而从广义的工程建设来讲，安全技术与管理所涉及的范畴要更广，因此每册书的选题都需要我们认真对待。

　　当前，我国经济社会发展已进入新型城镇化和社会主义新农村建设双轮驱动的新阶段，安全工作站在这样一个新的起点上，这正是需要我们研究和开拓的。

　　进入 21 世纪以来，我国逐渐迈入地下空间大发展的历史时期。由于特殊的地理位置，城市地下工程通常是在软弱地层中施工，且周围环境极其复杂，这使得城市地下工程建设期间蕴含着不可忽视的安全风险。在工程科学研究中，需要我们注重实践经验的升华，注重科学原理与工程经验的结合，这样才能满足研究成果的普遍性和适用性。

　　关于新农村规划建设安全的研究，主要来自于这样一个事实：我国村庄抗灾防灾能力普遍薄弱，而广大农村和乡镇地区往往又是我国自然灾害的主要受害地区。火灾、洪灾、震灾、风灾、滑坡、泥石流、雷击、雪灾和冻融等多种自然灾害发生频繁。这要求我们站在相对的时空关系中，分层次地认识问题。作为规划、勘察、设计、施工、验收和制度建设等，更需要可操作性，并将其贯穿到科学的规划和建设中去。

我们常说研究安全技术与管理是一门综合性的大课题。近年来安全工程学、管理学、经济学，甚至心理学等学科中的许多研究都涉及这个领域，这说明学科交叉的必然性和重要性，另一方面也加深了我们对安全，特别是具有中国特色的工程建设安全的认识。

在这样的历史进程中，历史赋予我们的重任就是要学习，就是要实践，这不仅要从书本中学习，同时也要从总结既往实践经验中再学习，这是人类积累知识不可缺少的环节。

除了坚持"学习"的主观能动性外，我们坚决否认人能以旁观者的身份来认识和获得经验，那种传统经验主义所谓的"旁观者认知模式"，在我们的社会实践中行不通。我们是建设者，不是旁观者。知行合一，抱着躬自执劳的责任感去从事安全工作，就必然会引出这个问题：我们需要什么理念、什么方法和什么运作来训练我们自己成为习惯性的建设者？在生产作业现场，偶然作用——如能量意外释放、人类行为等造成局部风险难以避免。事故发生与否却划定了生死界线！许多工程案例所起到的"教鞭"作用，都告诫人们必须百倍重视已发生的事故，识别出各种体系和环节的缺陷，探索和总结事故规律，从中汲取经验教训。

为有效防范安全风险和安全事故的发生，我们希望通过努力对安全标准化活动作出必要的归纳总结。因为标准总是将相应的责任与预期的成果联系起来。而哪里需要实践规则，哪里就有人来发展其标准规范。

英语单词"standard"，它既可以解释为一面旗帜，也可以解释为一个准则、一个标准。另外，它还有一个暗含的意义，就是"现实主义的"。因为旗帜是一个外在于我们的客体，我们转而向它并且必须对它保持忠诚。安全标准化的凝聚力来自真知，来自对规律性的研究。但我们在认识这一点时，曾经历了多大的艰难啊！

人们通过标准来具体参与构建一个安全、可靠的现实世界。我国抗震防灾的经验已向我们反复表明了：凡是通过标准提供相应的技术规定进行设计、施工、验收的房屋基本"大震不倒"。因为工程建设抗震防灾技术标准编制的主要依据就是地震震害经验。1981年道孚地震、1988年澜沧耿马地震、1996年丽江地震，特别是2008年汶川地震中，严格按规范设计、施工的房屋建筑在无法预期的罕遇地震中没有倒塌，减少了人员的伤亡。

对工程安全日常管理的标准化转向可以看成工程实践和改革的一个长期结果。21世纪初，《工程建设标准强制性条文》的编制和颁布，正式开启了我国工程建设标准体制的改革。《强制性条文》颁布后，国家要求严格遵照执行。任何与之相违的行为，无论是否造成安全事故或经济损失，都要受到严厉处罚。

当然，须要说明的是，"强条"是国家对于涉及工程安全、环境、社会公众利益等方面最基本、最重要的要求，是每个人都必须遵守的最低要求，而不是安全生产的全部要求。我们还希望被写成书的经验解释，能在服务安全生产的过程中清晰地凸显出来，希望有效防控安全事故的措施，通过对事故及灾变发生机理以及演化、孕育过程的深入认识而凸显出来。为此，我们能做到的最好展示，便是竭尽全力，去共同构建科学的管理运作体系，推广有效的管理方法和经验，不断地总结工程安全管理的系统知识。

本套书强调对安全确定性的寻求，强调科学的系统管理，这是因为在复杂多变的工程现场，那迎面而来的作业环境，安全存在是不确定的。在建设活动中，事关安全生产的任何努力，无论是危险源的辨识和防控、安全技术措施和管理，还是安全生产保证体系和计划、安全检查和安全评价，抑或是对事故的分析和处理，都是对这一非确定性的应答。

它是一种文化构建，一种言行方式。而在我们对安全确定性的寻求过程中，所有安全警惕、团队工作、尊严和承诺、优秀、忠诚、沟通、领导和管理、创新以及培训等，都是十分必要的。在安全文化建设中，实践性知识是不会遭遗忘的。事关安全的实践性不同于随意行动，不可遗忘，因为实践性知识意识到，行动是不可避免的。

为了公众教育，需要得出一个结论。作者们通过专业性描述，使得安全技术和管理知识直接对接于实践，也使工程实践活动非常切合于企业的系统管理。一种更合社会之意的安全文化总在帮助我们照管和维护文明作业和职业健康，并警觉因主体异化带来的安全隐患和风险，避免价值关怀黯然不彰。

我坚持，公共空间、公共利益、公共服务、公益、公平等，是人文性的。它诉诸于城乡规划和建设的价值之维，并使我们的工作职责上升为一种公共生活方式。这种生活本身就应该是竭尽全力的。你所专注的不在你的背后，而是在前面。只有一个世界，我们的知识和行为给予我们所服务的世界，它将我们带进教室、临时工棚、施工现场、危险品仓库和一切可供交流沟通的地方。你的心灵是你的视域，是你关于世界以及你在公共生活中必须扮演的那个角色。

对这条漫漫长路的求索汇成了这样一套书。这条路穿越并串联起这片大地的景色。这条路是梦想之路，更是实践人生之路。有作者们的，有朋友们的，甚至有最深沉的印记——力求分担建设者的天职——忧思。

无法忘怀，在本套丛书申报选题的立项前期，正值汶川大地震发生后不久，我们奔赴现场，关注到极重灾区四川省青川县，还需要建设一座有利于5万名未成年人长期健康成长的精神家园。在该县财政极度困难的情况下，丛书编委会主动承担起了帮助青川县未成年人校外活动中心筹集建设资金和推动援建的责任。

积数年之功，青川这一民生工程即将交付使用，而丛书的10册书稿也将陆续完成，付梓出版。5年多的心血、5年多的坚守，皆因由筑而梦，皆希望有一天，凭着一份知识的良心，铺就一条用书铺成的路。假如历史终究在于破坏和培养这两种力量之间展开惊人的、不间断的、无止境的抗衡，那么这套丛书行将加入后者的奋争。

为此，热切地期待本丛书的出版能分担建设者天职的这份忧思，能对广大的基层工作者建设平安社会和美好的家园有所助益。同时，谨向青川县灾区的孩子们致以最美好的祝愿！

徐一骄

2014 年 12 月于杭州

改革开放以来，我国的经济建设取得了举世瞩目的成就，综合国力大大提高，人民生活水平的提高和科学技术的飞速发展，使我国从一个传统的农业大国逐步建设成为一个现代化的工业强国。

在我国工业化过程中，以农村经济体制改革为主要动力引起的城市化进程逐步加快。根据我国经济发展的趋势预测，城市化进程还将进一步加快。

随着城市化进程的发展和需要，我国的建筑工程体现了新的特点：

（1）建筑工程单体规模不断扩大。上世纪末，单体建筑面积在 20 万 m^2 以上的超高层建筑还仅出现在上海、广州、深圳等国内一线城市，而到目前，此类建筑在全国星罗棋布，遍地开花。甚至单体建筑面积在 $60 \sim 70$ 万 m^2 的综合体建筑也屡见不鲜，而且建筑规模呈现越来越大的趋势，如上海环球金融中心、杭州国际博览中心工程等。

（2）结构体系日趋复杂。由于经济实力的不断增强，许多企业和地方政府追求建筑完美的愿望十分强烈，一大批代表当今世界最先进的设计流派、造型新颖的建筑拔地而起，为满足建筑形式的需要，建筑结构体系日趋复杂，如北京国家体育场、国家游泳中心工程等。

（3）新材料、新工艺和新技术不断出现和应用。由于科学技术的迅猛发展，大量的新材料在不断探索中被人类所发现和创造。为满足建筑形式和结构体系发展的要求，劲性结构、工具式脚手架、呼吸式幕墙等大量的新工艺、新材料和新技术被广泛运用。

建筑工程的新特点需要施工单位在施工现场配备高素质的管理团队，采用先进的管理技术，雇佣具备基本技术素养和安全意识的技术工人。但是，由于种种原因，施工现场安全事故一直得不到有效地遏制。据住房和城乡建设部统计，2011 年和 2012 年，全国共发生房屋市政工程安全事故和死亡人数分别为589 起 738 人和 487 起 624 人，实际上死亡人数可能远远超过该数字。

为了有效地防治安全隐患，防止或减少安全事故的发生，本书从建筑施工安全事故发生的原因分析着手，对建筑工程安全隐患的分类、安全隐患的辨识方法、查找流程和判定进行了论述，提出了安全隐患的预防和治理的程序、方法和措施。

本书的附录部分搜集了一部分施工现场安全事故的案例，编制了部分危险性较大的分部分项工程安全技术交底和安全生产隐患检查表，希望对建筑工程的安全事故防治提供参考。

鉴于水平和时间限制，不足之处，请指正。

第一章

建筑施工安全事故多发的原因分析

第一节　施工安全事故多发的原因

建筑施工安全事故的多发有着众多的内因和外因，我们认为主要是由于下列原因：

一、施工人员安全生产意识薄弱、违章作业屡禁不止

在城市化建设推进的浪潮中，在从南到北，从东到西广袤的土地上，数不清的高楼大厦拔地而起，高速公路和高速铁路像蜘蛛网般迅速延伸，城市轨道系统在地下四处生根发芽，高峡出平湖、沧海变桑田，到处是一片片欣欣向荣的建设工地。作为我国经济现代化建设的三大基础产业之一的建筑业，在目前建筑产品设计标准化水平低，建筑构件生产工厂化和安装机械化水平低的状况下，建设项目的施工需要大量的劳务人员，这是我国建筑业发展的客观需求。

由于项目建设需要土地，而我国的地理环境因素决定了经济现代化建设和发展的第一阶段必定是在人口密集的东部沿海地区，在东部沿海地区发展到一定程度，国力增加到一定强度时，逐渐推动中西部发展的方向。因此，人口密集的东部地区大片土地的征用造成了大量的失地农民。同时，随着农业科学技术的不断发展和创新，农业机械化程度的逐渐提高，大量的农民从面朝黄土背朝天的生活中解放出来，一部分失地农民和另一部分富余的农村劳动力，带着致富梦想涌入城市，迫切需要寻找一条新的致富之路。因此，门槛较低的建筑施工劳务市场，自然成为这些人打开了最快速进入的方便之门。

这些刚放下锄头就成为现代化城市建设主力军的施工人员，没有经过有效的安全技术培训，又缺乏施工经验，对施工现场的危险源和对自身安全保护意识的无知，加上落后的劳动保护措施，在为城市化建设作出巨大贡献的同时，也涌现出无数的违章作业者，使他们成为安全事故的主要受害者。

我们曾在许多工地对违章作业者进行调查，询问他们是否了解违章作业的危害时，不少违章作业人员回答："要么不干、要干总有危险，安全带挂上不方便干活"等。暴露出违章作业人员的安全意识十分薄弱，缺乏基本的社会和个人的责任感。

我们曾经对欧美国家的一些建筑工地和社会环境进行考察，尽管这些考察是不全面、不完整的。但发现，在许多国外的施工现场，他们的机械化程度相当高，他们的作业标准化程度也相当高，而他们的安全管理制度和防范措施却不像我们那样做到面面俱到、滴水不漏，但安全事故的发生率却远远低于我国，一个重要的原因是他们的安全管理建立在施工人员从小培养建立起来的，一种近似于本能的"远离危险"的安全文化基础上。

一个典型的例子是发生在我们参观挪威奥斯陆大剧院时。奥斯陆大剧院坐落在海湾边，有两个巨大的斜屋顶，斜屋顶与人行道相连，便于游客轻松地登上屋面欣赏城市的美景。人行道的宽度在 25～30m 之间，边上没有栏杆，也没有发现任何带有警示性的标志，人行道外就是一片清澈见底、长满海藻的水面。斜屋面上铺着长条的花岗岩火烧板，不时地有一些 7、8 岁的小孩用轮滑板潇洒地像蝴蝶般在你的面前飘过。我观察了 30 分钟，令人惊奇的是，没有一个小孩的身边有大人相伴，也没有一个小孩的轮滑板会"不小心"滑到人行道上。这样的安全环境在我国是不可想象的，肯定会受到媒体和"人民群众"的口诛笔伐。但就是这种从小建立起来的"善意的恐惧感"，是国外安全事故少发的一个重要的典型因素。

由于大量的劳务人员没有"生命第一"的意识，加上施工作业流动性大，工种变化多，在施工现场环境复杂的情况下，施工安全事故的发生也就难以避免了。

据大量事故的统计分析，安全事故的发生往往与违章作业有关，且大部分的受害者是低工龄、施工经验不足的、自身安全保护意识不强的劳务作业人员。

因此，施工人员本身的安全生产意识薄弱、违章作业是死亡事故发生的最主要原因。

二、法律、法规不健全及规范、标准制定滞后

《建筑法》、《安全生产法》、《建筑工程安全生产管理条例》及众多的地方规章制度对建筑工程参建主体的安全责任及施工现场的安全文明施工作出了种种规定，条文之细，覆盖面之广，表明了各级政府对安全生产的重视与狠抓安全生产的决心。但仔细研究后发现，目前有关建筑施工安全生产的法律法规和制度存在着几个明显缺陷：

一是缺乏劳动者因违章作业造成自身伤亡后应承担的责任及处理条款。

目前，施工现场发生死亡事故后，不论劳动者是否违章，也不论施工现场

环境是否符合安全生产条件，其死亡赔偿金是一样的。而不是像交通事故的处理那样，根据驾驶员在事故中应负的责任大小，肇事者分别承担不同标准的死亡赔偿金。这种看似公平的死亡赔偿，实则是对遵纪守法的劳动者的不公平。一方面，降低了施工企业违法施工的法律风险和赔偿风险，导致了部分无良的施工企业或不法的包工头故意提供不符合安全生产要求的施工现场，达到获取非法利润的目的；另一方面，也在某种程度上助长了部分劳动者为贪图一时方便而忽视自身安全，甚至为了某种目的铤而走险的不良风气。

二是制度设计缺陷。

改革开放前，劳动部门对企业新招工人有严格的审批、转正定级制度，工种界别相当严格，没有经过学徒及熟练工培训或转岗培训的人员不得上岗，并带有强制性。可惜的是，这一优良传统已不复存在。为了适应改革开放的需求，我国的户籍管理制度和企业用工制度也进行了大刀阔斧的变革，使得"上岗培训"这一本应由政府职能部门行使的社会责任，改由各个施工企业来负责实施，将政府行为变成了企业行为。这一改变从客观上弱化了政府部门对企业培训工作的监管职能，在惰性的作用下，大量施工企业的教育培训工作逐渐走向了形式化和表面化。有些情况严重的企业，对施工人员的三级安全教育培训流于形式，甚至弄虚作假，是造成施工人员安全意识薄弱的一个十分重要的原因。

由于我国建筑市场实行了劳务分包制度，相对产业工人而言，施工人员的工作稳定性差、流动性大。企业花时间、花精力、花成本辛辛苦苦培养的技术工人很可能一夜之间就不见踪影。因此，大部分的施工企业不愿意对劳务分包人员进行系统的培训，以免竹篮打水一场空。另一方面，劳务分包人员因为工作地点的流动性大，今年在甲省，明年可能在乙省，如果自己花钱培训，在甲省取得的证书在乙省还不一定能用，如一些省明文规定只有本省建设行政主管部门颁发的特种作业操作证书才能使用，也在一定程度上打击了劳务分包人员自费培训的积极性。这种制度设计上的缺陷，不利于施工人员获得长期稳定的技术培训和安全教育，不利于培养他们"尊重生命"和"安全第一"的社会责任感。

三是标准制定的滞后，造成监管依据的不足。

社会的发展，技术的进步使得建筑工程的新技术、新材料、新工艺和新设备层出不穷。但由于缺少相应的安全技术标准，一些近年来出现并广泛使用的新技术、新工艺，在施工方案的编制、审查与施工中，导致控制依据不足，造成隐患频现。如钢筋桁架模板的设计和安装，在使用了相当长的一个阶段中，没有国家或行业标准，只有经过专家论证的企业标准。在该企业标准中有关安全生产的规定中，只有安装时作业人员必须悬挂安全带的说明。在《建筑施工高空作业安全技术规范》JGJ80-1991中也只有"在梁面上行走时，其一侧的临时护栏横杆可采用钢索"的相关规定。但这些规定没有考虑到钢筋桁架模板在作业人员不挂安全带违章作业时，由于模板的表面不平，施工人员容易绊倒导致高空坠落的特点。同样，建筑工程高大模板施工技术规程的编制也远远滞后施工实际的需求，在相当长的时间内，我们缺少高大模板施工时保障安全施工的技术要求。

此外，对建筑施工中如架子工、幕墙安装工、内爬式塔吊的安装使用等这些高危作业人员的安全生产保障也缺乏研究。

施工标准的滞后，对新工艺的安全保障的研究不足，是造成施工安全管理缺失的一个重要原因。

四是法律法规与部门规章的矛盾使得管理失控。

《建筑法》与《建设工程质量管理条例》规定建筑工程主体结构的施工不得分包，但住建部的有关规定却不是这样，一个典型的例子是钢结构工程。《建筑工程施工质量验收统一标准》GB50300-2001明确规定钢结构工程属于主体结构，按《建筑法》和《建设工程质量管理条例》的规定不得分包。但住建部的有关规定却默认了钢结构工程可以实施专业分包，并在《房屋建筑和市政基础设施工程施工分包管理办法》中明确规定总承包企业或者专业承包企业可以进行劳务分包。这种现象是合法还是非法？仁者见仁，智者见智。但一个不可忽视的现象是：虽然劳务分包单位是独立的法人，但在目前情况下，劳务分包队伍管理体系不健全，管理水平低下，安全保障措施投入过低，安全意识不强的劳务队伍成为安全事故多发的主体。

此外，不管总承包单位的主观意愿如何，劳务分包后，客观上削弱了总承包单位的安全管理力度。

因此，法律、法规和制度设计的不健全，规范、标准制定的滞后，是安全事故多发的原因之一。

三、施工难度加大

随着我国的国力不断增强，社会和个人的财富快速增长，社会物质的丰富也对建筑的使用功能和艺术形式提出了更高的要求。为满足多元化的需求，各种结构形式的建筑如雨后春笋般的出现，新结构形式的出现又催生了大量的施工技术创新，大大增加了施工难度。施工难度的增加主要体现在：

一是地质条件引起的施工难度增加。

由于土地的稀缺性和不可再生，为了满足城市发展和国家基础设施建设的需求，在河流、海滩、地质断裂地带等一些地质条件复杂的地域进行建设进入常态化，从过去的小打小闹发展到目前的遍地开花。如我国沿海地区普遍采用填海造地建设新城以增加可利用资源；在宽广的水面上建造跨海跨江大桥，打造现代化物流的动脉，以降低运输成本和加快地方经济发展；在地质条件复杂的地面下建设隧道或轨道交通以解决日益繁忙和严峻的城市交通拥堵状况等等。同样，为充分利用日趋紧张的土地资源，房屋建筑中的地下空间不断开发利用，由 20 世纪 90 年代的地下一层，发展到现在的地下三层，甚至四层、五层，深基坑工程比比皆是。这些建设项目，在大大增加了工程投资的同时，对基坑支护安全和地基基础处理等施工技术提出了更高的要求。

二是旧城改造引起的施工难度增加。

在 20 世纪 60 年代到 80 年代，受到财力、物力和人力的影响，这个阶段建设的建筑物普遍存在设计标准偏低的情况；不少地方的城市规划缺少前瞻性，没有考虑城市发展带来的城市功能变化的需求；加上一部分建筑物的施工质量或使用的材料质量低劣，导致了我国建筑物的平均使用年限过低。同时，因为美观和协调的要求，一些位于城市主要街道两侧的、还能满足基本使用功能的建筑物需要进行外立面装修或改造，使得旧城改造的任务相当艰巨和繁重复杂。

由于涉及大量的征用拆迁补偿工作，且负责改造的主体不同，旧城改造往往需要分片、甚至是单个建筑物进行。在旧城改造或建设中出现了施工场地狭小，难以满足施工安全的现象，甚至有的工程几乎没有基本的材料堆放和加工作业场地，有的工程周边环境差，地下管线密集或临近地铁轨道。因此，施工过程中必须保证相邻建（构）筑物的安全，减少干扰和纠纷；防止地下管线破坏，保证城市交通、供水、供电和通信安全；做好临边和水平防护，保证行人和交通安全等等，大大提高了旧城改造的施工难度。

三是新结构、超高层建筑引起的施工难度增加。

为了满足使用功能的要求或投资商的特殊需求，大量的城市综合体和超高层建筑拔地而起直冲云霄。为了获取视觉效果，不少建筑物的外形有意识地追求特殊的艺术造型。这些超高层建筑和特殊形式的建筑在增加投资的同时，也使得混合结构和异形结构越来越频繁地出现。复杂的建筑结构的出现，在倒逼施工技术快速发展的同时，也大大增加了施工的难度和安全风险。

超高层建筑的出现，多工种，多工序的协同施工，使得高空作业和交叉施工成为常态化。因此，超高层建筑复杂的施工环境对临边防护、作业人员的身体素质和防止物体坠落等安全措施提出了更高的要求，稍有疏忽，施工现场就会成为一个危机四伏的陷阱，导致安全事故的发生。如在脚手架上有少量的建筑垃圾或材料，对多层建筑来说可能不是重大的安全隐患；但超高层结构不一样，万一混凝土块或碎砖、钢管扣件坠落，如果水平防护有缺陷，极有可能造成下方施工人员伤亡的事故。

同样，超高层建筑和特殊结构的施工对施工设备管理、使用安全也提出更新、更高的要求。如起重设备从小吨位向大吨位发展，从常规的附着式塔式起重机向内爬式起重机发展，施工设备的安装、拆卸的作业环境越来越困难，难度越来越高，使用、养护和管理的要求也越来越严格。

伴随着城市的发展，在施工技术不断发展的同时，建筑施工难度也在不断地提高，从而使得安全隐患出现的几率也大大增加。

四、施工单位的管理缺陷

施工单位的管理缺陷是造成安全事故多发的又一个十分重要的原因。

管理缺陷是指管理制度不健全或施工中未严格按制度执行的情况。通常包含施工项目的总体安全生产目标和各阶段安全生产的分解目标、项目管理制度的制定和落实、管理人员的使用与考核和管理流程等与施工现场的实际情况存在脱节或不相吻合的现象。

一般来说，施工单位在制定施工项目安全生产的总体目标和各阶段分解目标，以及项目的安全管理制度上，有一整套相对完整的管理体系和方法，不会存在大的问题，否则，企业将无法在激烈的市场竞争中生存。问题主要出在安全生产的管理流程、制度的落实和安全生产管理人员的使用与考核上。

从检查中发现，施工单位的管理缺陷主要存在以下几个问题：

第1个问题是：施工项目的安全生产管理台账和管理制度基本健全，但管理制度的落实却差距很大。不少施工项目的安全生产管理台账是为了应付建设行政主管部门或上级有关部门的检查建立的。如施工单位对作业人员的三级安全教育记录和分部分项工程安全技术交底，普遍存在着"代签姓名"等弄虚作假现象，施工项目没有落实危险性较大的分部分项工程施工班前教育制度，没有严格执行安全生产检查和整改制度等。

第2个问题是：施工单位在投标时的项目管理人员的配备与实际情况大相径庭。一方面，由于目前建筑市场的大环境和施工单位发展前景存在的差异，个人的收入、工作环境与职业发展与理想中的差异，使得大量的中、高级建筑专业技术人才向公务员序列和房地产业转移，导致施工单位技术力量不足，其至出现人才"断层"现象。为了弥补技术管理力量的不足，施工单位不得不大量地招收应届大学毕业生和启用年轻的技术人员，不少毕业才二、三年的年轻人走上了施工项目的关键岗位。施工经验的不够丰富，理论知识与实践没有有效的结合，使得施工单位项目管理的能力和水平不能满足安全管理的要求。另一方面，是施工单位的诚信缺失，低价中标后，为降低成本，千方百计减少投入。而减少投入的"有效捷径"或是减少管理人员，或是以低资历技术人员代替高资历技术人才。这种人为造成的技术人才缺乏使得许多施工现场管理人员的配备和基本素质不能满足施工管理的要求，导致施工项目管理不力，甚至存在严重的管理缺陷。

第 3 个问题是：现有的安全管理体系造成了项目安全管理人员的岗位职责不明确，管理权限设置不合理。

为了防止和减少安全事故的发生，《建设工程安全生产管理条例》规定："施工单位应当设立安全生产管理机构，配备专职安全生产管理人员。专职安全生产管理人员负责对安全生产进行现场监督检查。"建设部和各地的建设行政主管部门对施工单位的安全生产管理机构的设置及施工现场专职安全生产管理人员的配备也进行了具体的规定。因此，目前我国施工项目现场的安全管理基本上是靠专职安全员来实施的，这是在一个特定的时间段里行之有效的方法。

但是，随着异形结构的出现和施工难度的不断提升，大型的综合体建筑施工环境和设备管理的日益复杂，专职安全员管理施工安全的方法逐渐暴露了不适应施工现场现代化安全管理的缺陷，这种缺陷主要表现在专职安全管理人员专业知识的不够全面和人员配置不足上。

施工水平提高的一个重要标志是专业化程度。同样，我国建筑施工也在向专业化、精细化方向迅速地发展。如施工现场从五六十年代的木工和泥工发展到现在的架子工、模板工、钢筋工、混凝土工、电工、水暖工等工种，房屋建筑工程也细化为地基与基础、钢筋混凝土、防水、钢结构、电气、给排水、暖通等专业。随着建筑业的发展，这种专业和工种还在进一步的发展和细化。因此，专业化程度的提高需要安全管理人员具有扎实的专业理论知识和丰富管理经验。只有具备基本的专业知识，才能在施工现场准确辨识出存在的安全隐患；只有具备丰富的管理经验，才能准确地判定隐患的危害，提出有效的防治措施。如果让一个钢结构专业的专职安全员去管理地基与基础的施工安全，他可能对地下水位的变化、土方的开挖顺序等一些关键信息不敏感，从而失去防止事故发生的最好时机。但是，由于人的生理条件及环境因素，要求一个专职安全员掌握多个专业的基础理论知识和实践经验，至少在目前是不大可能的。此外，出于成本的考虑，不少施工项目没有按照《建筑施工企业安全生产管理机构设置及专职安全生产管理人员配备办法》配备专职安全管理人员。检查中发现，有的建筑面积在十几万平方米的施工项目仅配备一名专职安全员，不能满足施工安全生产的管理需求。

安全管理人员的不足、安全检查制度不落实和安全职责不清，使得一些应该发现的安全隐患没有被及时发现，一些应该及时治理的安全隐患没有及时治理。如安全设施和投入的不足，施工现场高层建筑的水平防护不规范，消防设施缺失，临边和洞口防护不及时，机械设备不按时维修保养等等。

鉴于目前的安全生产形势和现状，只有实行施工项目的全员安全生产责任制，从项目负责人到技术员、施工员、安全员各个岗位均设置相应的安全生产责任，规定各自安全生产的权利和义务，管好各自领域的安全生产，才是防止和减少安全事故发生的一个有效途径。

第4个问题是：技术管理水平不足。技术管理水平不足是造成施工项目安全技术措施不符合安全生产条件的一个重要原因。主要表现在施工单位对新技术、新工艺的有关安全生产的技术要领不了解；对规范、标准的条文含义理解不准确；对施工过程中出现的安全隐患的危害性估计不足，或采取的应对措施不得力、不及时，使得一些本可以避免的、不应该发生的事故发生。如在某工程施工过程中，由于设计变更，要求3000多平方米的裙房的3层楼面只施工混凝土梁，楼板不施工。当接到变更通知时，3层楼面的支模架已施工完成，按照规定，施工单位应重新搭设或拆除模板对支模架进行加固才能继续施工。按理说，这种变更引起的费用增加，业主会全部承担，施工单位没有必要去承担风险。但在实际施工中，为了抢工期，施工单位在没有对支模架采取任何技术措施的情况下，竟然直接在模板上搭设4层楼面支模架。由于支模架的钢管直接支撑在木模板上，加上上下二层的立杆不在同一垂直线上，支模架的强度和刚度严重不足，存在着重大安全隐患。幸亏在4层楼面混凝土浇捣前的检查时发现了这一重大安全隐患，及时采取了加固措施，避免了安全事故的发生。类似的案例很多，表明了施工单位的施工现场技术人员缺乏和技术管理水平不高不是个别现象。

第5个问题是：管理流程的不合理。一些施工单位或建设单位漫长的审批管理流程不能适应施工现场安全隐患防治的需要，使一些安全隐患不能及时得到有效的治理或控制，从安全隐患发展成安全事故。如在杭州余杭某工程基坑施工过程中，监理单位和施工单位均发现围护体系不正常变形，向建设单位和设计单位进行了报告，设计单位也提出了钢板桩加固方案。由于加固方案需要增加 10 万余元资金，施工单位出具签证单请建设单位确认，而建设单位财务制度规定 10 万以上的签证需要按流程进行审批。审批期间正值"五一"放假，签证单未能及时审批，施工单位因签证单未回复为理由没有及时进行钢板桩加固。几天后，一段 30 余米长的基坑边坡倒塌，造成约 200 万余元的直接经济损失。

第 6 个问题是：不少施工总承包单位没有履行安全生产管理职责，对分包单位的安全生产管理不力，尤其对于指定分包商的管理更是缺乏主动性。

总承包单位对分包单位安全生产管理不力状况的主要表现在以下几个方面：

一是总承包单位对分包项目的施工工艺、标准或方法不熟悉。装饰装修和设备安装阶段发生的大量的安全事故就是有力的佐证。

调查中发现，在工程施工进入装饰装修和设备安装阶段，施工总承包管理缺陷相当突出。许多高层建筑在主体结构施工过程中，在施工环境十分复杂和艰苦的情况下，都没有发生伤亡事故，却在相对施工条件较好的装饰装修和设备安装阶段发生高处坠落、机械伤害甚至外脚手架倒塌引起的死亡事故。这与总承包单位不重视装饰装修和设备安装阶段的施工协调与安全生产管理是分不开的。

在此阶段，参与施工的队伍多，少的十几家，多的几十家，如外立面、设备安装、暖通空调、室内装修等；施工工作面广、点多；各工种互相穿插，施工工艺互不相同，涉及的标准和规范非常之多。同时，装饰装修和设备安装阶段的特殊性决定了安全生产管理的特殊性，如临边洞口的防护因施工需要临时拆除后没有及时恢复，电梯安装过程中的井道防护和警示标志不到位，外脚手架的拉接点大量拆除，临时用电线路乱拉乱接，施工人员吸烟和消防设施缺少等安全隐患大量出现。

由于总承包单位缺乏相应的管理人员，不得不被动地放弃对分包单位的安全生产管理。

二是主体结构工程验收以后，总承包单位大量主要的管理人员有计划、有目的地逐步撤出，只留下少量的管理人员进行协调管理工作。既可以降低工程管理的成本，又可以将主要技术骨干和管理人员充实到新的施工项目，获得更高的经济效益，赚取更大的利润，从而造成施工现场的管理力量不足。

三是指定分包商对总承包管理不买账。目前大部分工程的装饰装修和设备安装是由建设单位进行二次招标或指定分包的。

指定分包商之所以敢于不听指挥，与目前大部分施工项目的管理体系有关。按照规定，分包商的工程款应该由总承包单位支付。但建设单位通过总承包单位支付的工程款，总承包商往往不能及时支付给分包商，使得分包商的权益得不到有效的保证。长此以往，肯定影响工程进度。为了保证施工进度的正常进行，建设单位和总承包单位通常会在施工合同中约定，指定分包商的工程款由建设单位直接支付。这种支付方式虽然保证了指定分包商的权益，但总承包单位丧失了对分包单位经济的控制和监督权，也无形中助长了分包商不服从总承包管理的底气，给总承包管理带来了隐患。

因此，很多总承包单位往往以"装饰装修和设备安装单位是由建设单位进行二次招标或指定分包的"为借口，在名义上对分包商的工程质量、安全生产进行管理和承担连带责任，实际上只负责收取总承包管理费，对分包商的技术管理和安全生产放任自流。

第 7 个问题是：不少项目的建设单位过于强势，对施工总承包单位的分包管理进行了不正当的干扰，客观上导致了施工现场的管理混乱。

综上所述，施工单位的安全管理缺陷是造成安全事故发生的又一个十分重要的原因。

五、建设单位管理缺陷

《建设工程安全生产管理条例》明确规定了建设单位在项目施工过程中的安全生产管理责任，其中第七条特别指出了"建设单位不得对勘察、设计、施工、工程监理等单位提出不符合建设工程安全生产法律、法规和强制性标准规定的要求，不得压缩合同约定的工期"，就是为了防止建设单位利用自己所处的特殊地位和手中的资金，对工程建设横加干涉，扰乱正常的建设程序，导致安全事故的发生。

一些房地产开发商，为了尽快收回投资成本或需要资金投入新的开发项目，以获取投资利益的最大化，通常以工期为项目目标控制的第一要素，对工程建设周期提出不合理的要求。同样，一些政府指令的"献礼工程"，出于政治因素的影响，或由于重要的国际事件在特定时间发生的要求，工程建设的程序和合理的工期不能得到保证。为了达到目的，建设单位往往对设计、施工和工程监理单位提出不符合工程建设客观规律的要求；或利用"奖励"和"惩罚"的手段对施工单位实施威逼利诱，甚至在招标文件上就明目张胆地提出不合理的施工工期；或对坚持基本建设程序的项目监理机构施加压力，提出调换监理人员的要求。在这样的背景条件下出现了大量的"边设计、边施工、边修改"，只讲进度不讲质量和安全的工程。由于这些工程严重违背了工程建设的客观规律，常常带来重大的质量和安全隐患。

如某一个项目，标准层每层建筑面积约 3200m²。因销售需要，建设单位在施工过程中，以补充协议的形式提出修改合同进度的要求：施工单位在 2011 年 7 月 16 日～2012 年 2 月 10 日（210 个日历天）这个时间段内，完成 16～48 层的主体结构。如果施工单位达不到进度目标，每少完成一层，罚款 50 万元；反之，超额完成，每一层奖励 50 万元。在经济利益驱动下，施工单位项目部尽一切可能，调动所有资源，拼命抢工期，在 2012 年 2 月 10 日，完成了主体 52 层的主体结构。施工过程中，监理单位因质量问题多次提出整改要求，甚至签发了停工整改通知单，但建设单位以"不适应本项目的管理要求"的名义，指令监理单位调换了项目监理机构的主要监理人员。该工程的进度是上去了，但却带来了严重的质量隐患，拆模后发现，在 46～52 层的混凝土楼板出现了大量的裂缝。经资料分析和实体检验，由于这 7 层混凝土结构的施工期在 2012 年 1、2 月份，是该地区最寒冷的季节，日平均温度在 3～5℃，虽然施工项目部配备了 6 套模板，但平均每层拆模时间不到 30 天，同条件养护试块累积温度在 90～150℃之间，混凝土拆模时的强度远远达不到设计强度 75% 的规范要求，从而造成了楼板结构开裂，影响了结构安全（图 1-1、图 1-2）。

图 1-1 楼板开裂图

图 1-2 楼面开裂图

同样，在一些带着浓厚政治色彩、有特定时间要求的工程，建设程序混乱导致的质量、安全隐患数不胜数，甚至造成重大事故。不能否认，造成杭州地铁湘湖车站坍塌的事故原因中，就有政府部门提出不符合工程建设客观规律，指定进度目标，要求施工单位抢进度的原因。但是，这种程序混乱的现象在一些"献礼工程"中依然没有得到有效的控制与改善。如某地的一个工程，因会议时间的要求，当地领导拍板决定，要在半年左右的时间里建成一个建筑面积 60000m² 的国际会议中心。由于建设工期实在太短，设计单位来不及对设计方案进行科学的论证和研究，以白图或电子版代替施工图交给施工单位施工。施工单位来不及组建项目管理团队和编制施工组织设计和专项施工方案，拉了一支临时拼凑的队伍匆匆进场；并在建设单位来不及委托监理单位，监理机构没有及时进驻施工现场的情况下，开始了工程桩施工，等到监理单位进场时，已经完成了700余根工程桩的施工。在桩基工程完成，按规定进行质量检测时发现，没有实施监理的工程桩，有162根出现断桩，同时有大量的预制管桩的桩型打错，工程被迫停工进行技术处理。停工以后，建设单位和设计单位又对设计图纸进行了审查，发现项目的使用功能也存在一些缺陷，又对设计方案进行了较大的调整。根据设计图纸调整以及工程桩质量事故处理的要求，为消除隐患，设计单位提出了增加1500余根工程桩的处理方案，国际会议被迫移址举行，造成了重大的经济损失和不良的社会影响。

上述两个案例，充分说明了建设单位不尊重工程建设的客观规律，是质量和安全事故多发的一个不可忽视的重要原因。

六、第三方管理缺陷

安全生产事故多发的另一个重要的原因是第三方管理的不到位。在我们国家，第三方管理主要指的是监理单位对施工单位在工程实体的施工过程中是否满足安全生产条件的管理。但由于种种原因，监理单位对施工现场的安全生产管理存在着各种缺陷。

监理单位在施工阶段安全生产管理的缺陷主要表现在下面几个方面：

（1）监理队伍整体水平有待提高。与施工单位类似，由于监理工程师的工资水平和工作环境，与他们承担的工程质量与安全生产责任差异较大，大量优秀的监理人才流向了房地产企业或相关行业。人才的不足使得许多项目的监理工作不能满足工程建设的要求。据不完全统计，一个房屋建筑工程从设计到竣工验收，监理工程师需要掌握、熟悉或了解的各种标准有600多种。只有掌握、熟悉和了解这些知识，才能在工程建设的海洋中游刃有余。但在相对于设计、咨询行业来说，收费和工资水平都偏低的监理行业，要找出这种高水平的专业人才并不容易。

（2）与施工单位一样，由于监理费取费低，为降低成本，监理单位在施工现场的人员配置存在不少问题，突出的是能适应监理工作岗位的人员配置不足。监理人员的不足或能力不足直接导致了安全生产监理工作没有落实到实处，不少项目监理机构的安全生产检查制度不健全，或形同虚设。

（3）监理单位在施工安全生产管理上的义务和权利不对等，导致监理单位在安全生产监理工作中的积极性和主动性不足。按照《合同法》和建设工程监理的定义，监理单位是接受建设单位的委托，为建设单位提供咨询服务的。但在《建设工程安全生产管理条例》和各地陆续出台的安全生产规范性文件，对监理单位的安全生产连带责任规定得十分苛刻，几乎所有的安全生产事故，无论监理单位有无责任，一般均难辞其咎。

施工现场存在的安全隐患往往是由多方面因素构成的，很多具有偶然性和随机性。当然，也有的是系统性问题。对于偶然性和随机性发生的安全隐患，要求监理单位进行拉网式的排查显然不符合实际。但就是这些偶然性和随机性的安全隐患往往会造成人员伤亡事故。如某工程，由于工程进入电梯安装阶段，井道内水平防护已经拆除。一个分包单位的劳务工，私自拆除电梯井道的封闭栏杆，企图进入井道，找一个隐蔽的地方方便，结果不慎坠落死亡。

安全事故发生后，绝大部分的建设行政主管部门在安全生产事故的责任追究过程中往往不分青红皂白，将监理工程师作为"监管缺失"的主要对象，将本应该由施工单位承担的安全生产责任"分担"给监理单位，甚至对监理单位和总监理工程师处以"暂停招投标资格"的"极刑"。

这种严重的义务与权利的不对等，挫伤了监理单位和监理工程师的安全生产管理的积极性，促进了监理人员的流失。人才的流失，又给安全生产监理工作带来更为严峻的形势。

（4）项目监理机构对施工现场存在的安全隐患排查不力。由于人员配置不合理，或受到专业技术的限制，或因为工作失职，不少应该在施工过程中发现、纠正的安全生产隐患没有及时进行消除，从而发展成安全事故。如上文提到的某工程裙房的"支模架"整改事件等。

由于第三方监管的缺陷，安全隐患的存在和发展缺少了约束，使得本来就十分严峻的安全生产形势雪上加霜。因此，建筑工程安全事故的多发、易发与第三方监管缺陷有十分密切的关系。

七、政府监管以罚代管

只要发生安全事故，不少地方的建设行政主管部门或安全生产监管部门往往不分青红皂白，错误地认为只要安全事故发生，施工单位和监理单位肯定有责任。有的建设行政主管部门甚至在未认定责任的情况下以扣分、在指定的行政区域内停止政府投资项目的招投标、取消工程质量评奖等非行政处罚手段对施工、监理单位进行处罚，并不给被处罚单位与人员申辩的机会，使得被处罚单位与人员申述无门。这种错误做法不仅严重挫伤了忠于职守的，在事故发生中无责任人员的安全生产管理的积极性，也诱使部分施工企业隐瞒安全事故的发生，或发生事故后采取"破罐子破摔"的态度，反而对建设工程的质量与安全生产产生不利的影响。

我们认为，任何一个安全事故的发生，都有其深层次的原因。这种不分事故责任大小、有无责任，以封建社会的"连坐"方法，或用行政手段控制市场规律的方法来遏制安全事故发生的企图，而不是从根本上提高施工人员的安全意识和自身保护意识，树立人人珍视生命，自觉遵守安全生产规章制度的风气，从而达到防止安全事故发生的目标，从另一方面反映了安全监管部门监管手段的缺乏。

八、招投标制度不规范

目前的招投标制度尤其是低价中标制度存在着严重的缺陷。由于参与评标专家的水平参差不齐，以及评审时间的不足，专家们对投标文件中的安全技术措施以及安全生产费用能否满足工程施工的实际需要来不及进行深入的探讨与研究。这就给一些技术难度大的或"四新"工程项目带来了安全生产经费不足的难题，有的是相差甚远。

在我们对某一重点工程的安全生产费用调查中发现，该工程钢结构，土建中标造价为1.5亿元。而该工程的投标报价中全部的安全施工措施费用只有24万元，仅占总价的0.16%。这一点点安全生产措施费用，对于一个施工工艺复杂的高层建筑来说无异于杯水车薪。在"与国际接轨"的名义下，不顾我国建设市场现实环境的招标评标方法，客观上起到了迫使施工单位在工程中标后采用压低安全生产费用或措施费用，从而获取利润的"奸商行为"。

在对该工程施工方案的跟踪过程中发现：如果安全生产技术措施严格按照施工规范的要求实行，经测算，安全生产技术措施的费用应该在5%左右，远远超过当地建设行政主管部门编制的费用定额的规定。

大量的事实证明，过低的安全生产费用是施工单位千方百计减少防护措施投入、造成施工环境恶劣的重要原因，而恶劣的施工环境是安全事故多发的另一重要原因。

九、其他原因

安全事故多发的其他因素还包括检测单位或设备租赁单位不良甚至是违法

的行为。

《建设工程质量检测管理办法》（建设部第 141 号）规定："工程质量检测单位接受建设单位的委托，依照国家有关法律法规和工程技术标准，对涉及建筑物、构筑物的结构安全和功能项目进行检测以及对进入施工现场的建筑材料、构配件的见证取样检测，出具检测报告，并承担相应法律责任。"但在实际执行过程中，很多地方的检测机构变了样，一个重要的原因是我国的工程定额规定检测费用包含在工程的直接费中，由施工单位支付。因此，大量施工项目的工程质量检测单位是施工单位直接委托的；或名义上是建设单位委托，实际是施工单位指定的。这就不可避免地发生施工单位与检测单位串通，为了各自利益的需要，弄虚作假，伪造数据，从而引发重大质量、安全事故的现象。如我们在检查时经常发现，材料的试块、试件还在施工现场，检测报告已经出现在施工单位和监理机构的报审表中。十分典型的案例就是"杭州地铁湘湖站"和"义乌某项目"基坑的坍塌，两起事故都存在基坑监测数据伪造作假的恶劣行为。

《建设工程安全生产管理条例》第十六条规定：出租单位应当对出租的机械设备和施工机具及配件的安全性能进行检测，在签订租赁协议时，应当出具检测合格证明。禁止出租检测不合格的机械设备和施工机具及配件。但为了追求利润，一些租赁单位往往将不符合国家和行业标准的机械设备和施工周转材料出租。如目前出现在施工现场大量的不符合标准要求、质量低劣的钢管和扣件，是导致支模架坍塌事故的元凶。

第二节　施工安全事故的危害性

施工安全事故不仅危及作业人员的生命安全，也给他们的家庭带来不幸甚至是灾难。如果事故造成施工人员死亡，不少遗属在拿到抚恤金后选择了家庭重组，给孩子的成长带来了阴影。如果因伤致残，伤残者和家人也将长期在痛苦和不方便中生活。

据调查，2014 年浙江省建筑行业安全事故死亡人员的善后处理平均在人民币 150 万元左右。对于施工单位来说，死亡一个人的经济损失不算太大，但随之而来建设行政主管部门的停工整改和吊扣安全生产许可证带来的间接经济损失、信誉损失却是施工单位难以承受的。

2008年11月15日,杭州地铁湘湖站北2基坑发生坍塌,死亡21人、重伤1人、轻伤3人,直接经济损失达4962万余元。近5000万的直接经济损失,对于一个国有的大型企业来说,打击不算太大,通过一两年的休养生息,也许就能恢复元气。但事故现场的重建、地铁1号线的延期投入使用和施工单位失去的市场等间接损失是无法计算的。同样,对于失去亲人的21户家庭来说,这种痛苦也是无法挽回的。

两年后的2010年11月15日,上海市静安区胶州路728号公寓大楼发生特别重大火灾事故,58人死亡,71人受伤,直接经济损失1.58亿元。这次事故处理中26名责任人被追究刑事责任,28名责任人受到党记政记处分,事故发生至今,已4年多时间,事故现场才基本处理完毕。

因此,施工安全事故不仅可能给建筑工程造成重大的经济损失,一些重大安全事故的发生甚至影响社会的稳定。

第三节 施工安全事故发生的规律

施工安全事故造成的危害极大,为了保障人民的生命财产的安全,减少经济损失,维护社会稳定,防止安全事故的发生,是每一个建设者的义务和责任。

那么,采取什么办法或措施防止安全事故的发生,尽可能减少国家和人民的生命财产损失,是值得我们研究和探索的。

从我们的分析研究来看,安全事故的发生是有一定的迹象和规律的,任何安全事故的发生,一定有其外部原因和内部因素,并在多重因素的共同作用下发生的。

我们认为,建筑施工安全事故的发生,在一般情况下,内部因素是主要的,外部原因是次要的诱发因素。对于外部因素的控制或是改变,如从提高劳务分包人员的基本素质这个根本原因来防止和减少安全事故的发生,需要一个漫长的过程才能做到,不是一朝一夕能够达到的,也不是我们在本书中讨论的重点。因此,我们应将防止安全事故发生的重点放在对内部因素的控制上。

研究表明,安全生产事故发生与人的不安全行为、施工单位管理缺陷及物的不安全状况这三个最主要的内部因素有关。

同时,在对大量的安全生产事故原因进行分析后,尤其是对国内一些典型事故案例进行调查研究后发现，引发安全生产事故的因素往往不是单一的，而是多种不安全因素的结合。在各种安全事故的原因构成中，人的不安全行为和物的不安全状态是造成安全生产事故的直接原因，但人的不安全行为和物的不安全状态又往往与管理缺陷有关。如果施工单位的安全生产管理行为规范，许多人的不安全行为和物的不安全状态就不会发生，或一发生就会得到有效的制止和改正。

实践证明，当物的不安全状态、人的不安全行为和管理缺陷在同一时间、同一空间发生交叉时，往往就是安全事故的触发点。

以施工作业人员高处坠落为例，触发安全事故发生的因素至少有施工人员高处作业没有正确使用安全带（人的不安全行为）和临边防护不到位（物的不安全状态）两个存在，还可能存在安全管理人员巡视不到位、施工人员未经三级安全教育上岗或发现临边防护缺陷后整改不力等管理缺陷的因素。从另一个角度来讲，施工作业人员的安全意识不强，固然与其本人或劳务分包队伍的整体素质有关，也跟施工单位现场管理制度有很大的关系。同样，为了作业需要，施工人员往往要拆除部分防护设施，但如果一个企业有严格的安全生产管理制度，施工现场有防护设施拆除审批和恢复检查制度，加上高空作业必须使用安全带等过程控制措施，高处坠落事故一般就不会发生了。

因此，当某一施工工序中在物的不安全状态、人的不安全行为或管理缺陷三种不安全因素中的组合作用下，可能引发安全事故的风险概率要远远大于单一因数情况下引发安全事故的风险概率。如上文提到的当施工人员高处作业时没有正确使用安全带时，如果临边防护到位，或管理人员能及时纠正施工人员的不安全行为，则发生安全事故的风险将大大降低；反之，如水平防护不到位，或管理缺陷、作业人员的不安全行为未及时纠正同时存在，则引发高空坠落的风险大大增加。

鉴于上述研究结果，我们将管理缺陷、人的不安全行为、物的不安全状态这三个因素引发安全事故的风险建立数学模型，企图用数学模型的方法来对三种状态可能引发安全事故的风险进行评价。该模型首先将同一工序中出现的人的不安全行为、物的不安全状态、管理缺陷三种因素分别设为指数 R、G、W，并假设三种因素发生的机率相等。其次，将人的不安全行为、物的不安全状态、管理缺陷在同一工序中可能出现一种或多种情况的频率进行量化，并设定指数 R、G、W 的最大值为 1。第三，将管理缺陷、人的不安全行为、物的不安全状态这三个造成安全事故的主要因素分别设定为半径同为 1，每个因素发生的频率均落在圆内，发生一次为一个点。第四,三个圆的圆心在等边三角形三个顶点上。当两圆或三圆相交时,诱发安全事故的风险概率增大;当只存在某一因素时,即某一圆单独存在,与其他圆不相交,诱发安全事故的风险概率较低。如图 1-3 所示。

图 1-3　安全事故风险概率图

　　该模型存在的一个重要的缺点是难以定量确定等边三角形的边长。因为边长越短,两圆或三圆相交的面积越大,意味风险概率越大,反之,两圆或三圆相交的面积越小,风险概率越小。

　　虽然该模型的缺点目前难以克服,但对人的不安全行为、物的不安全状态、管理缺陷三个主要因素引发安全事故的风险概率的定性评价是正确的。

　　上述研究表明,安全事故的发生遵循一定的规律并有一定迹象的。因此,以预防为主,对施工安全隐患进行综合治理,从而控制安全事故发生就变得十分重要。

第二章

建筑工程安全隐患分类

我们将安全事故发生前，施工现场存在的管理缺陷、人的不安全行为、物的不安全状态等可能引发安全事故的最主要因素，称之为安全隐患。

建筑工程安全隐患的分类有许多方法。

从安全隐患的性质可分为工程质量隐患和安全生产隐患。

从安全隐患的危害程度可分为一般安全隐患和重大安全隐患。

一般安全隐患是指危害和整改难度较小，发现后能够立即整改排除的隐患。

重大安全隐患是指危害和整改难度较大，应当全部或者局部停工停业，并经过一定时间整改治理方能排除的隐患，或者不整改可能导致群死群伤或造成重大经济损失的隐患。

从安全事故类型的表象可分为施工技术安全隐患、机械设备安全隐患、基坑坍塌安全隐患、结构倒塌安全隐患、防护设施安全隐患、临时用电安全隐患、消防设施安全隐患和中毒窒息安全隐患等。

从引发安全生产事故的主要因素可分为管理缺陷、人的不安全行为、物的不安全状态等。

《建筑工程施工重大安全隐患防治》从引发安全生产事故的主要因素来对隐患进行分类。主要是以引发安全事故的主要因素作为切入点，分析事故发生的原因，提出建筑工程施工现场安全生产隐患防治的方法和措施，从而达到防止或减少安全事故发生的目的。

之所以将传统的容易引发建筑工程安全生产隐患的"人、料、机、法、环"这五个方面归纳成"管理缺陷、人的不安全行为、物的不安全状态"三个主要因素，并将其作为安全生产隐患的三大类型，是我们在对安全生产隐患防治的长期研究过程中，从实际出发，方便施工现场检查和操作，进行归纳和分类管理提出的。

在对安全生产事故发生的规律研究中发现，人的不安全行为对安全事故的发生起着十分重要的作用，且以"主观行为"为表现特征。因此，我们将"人"的要素进行单列，将"人的不安全行为"作为安全隐患的一大类型。

在研究中，我们首先将"环境"和"物"二要素的不安全状况归入"物的不安全状态"一类。因为，从广义上看，施工过程中建筑工程的基坑围护、周边的电力、市政管道、相邻的建（构）筑物等环境要素本身就是"物"。其次，在对其他的二"要素"进行分析研究后发现，"材料"、"机械"二要素中既有人的"主观行为"，又有它们自身存在的客观现象。我们将二要素中的客观现象归纳到"物的不安全状态"这一类，而将二要素的主观行为和"法"这个要素合并到"管理缺陷"类型中。

这样分类，其目的是从技术上便于建立安全隐患排查的数学模型，为安全隐患的防治管理做好基础工作。

下面，我们就安全生产隐患的三大类型分别进行论述。

第一节　人的不安全行为

人的不安全行为主要指施工人员在作业中违反劳动纪律、操作程序或方法等曾经引起或可能引起安全事故的有危险性的主观活动。

人的不安全行为包括对客观事物和环境的错误认识。有的错误认识是因为受到客观条件或技术手段的限制形成的，而有的错误认识却是因为人的立场不同，由于主观意识错误造成的。

人的不安全行为的发生有多种原因，除了对客观事物和环境的错误认识外，有的是因为安全意识薄弱、忽视警告标志、不听从他人劝告、违章作业；有的是因为自身基本素质不足，不熟悉或不了解施工操作规程，造成误操作；也有的是因为使用不安全的或安全装置失效的机械设备；甚至有的施工人员为操作方便，故意拆除机械设备的安全装置，如建筑起重设备的限位装置等。

"人的不安全行为"是施工现场相当多发的安全隐患，在建筑工程施工中有多种表现，主要有下列几个方面：

一、为抢工期，施工人员连续作业，或因住宿条件差，施工人员得不到较好的休息，疲劳过度后对外界不良环境的反应能力降低

建筑工程施工现场条件有限，住宿条件一般较差，生活比较艰苦。在江南一带，工人基本住在金属板房中，隔声保温性能差。许多工地的金属板房没有安装空调，冬冷夏热，加上施工噪声，作业人员一般不能得到较好的休息，特别在夏季，作业人员很难得到充分的休息和睡眠。或因为抢工期，作业人员经常连续或不合理的加班，造成疲劳过度。休息不好造成的施工人员疲劳，使人的身体机能对外界的反应降低，容易导致事故的发生。

二、人员进入施工现场未正确佩戴安全帽、在高空作业或行走时未使用或不能正确使用安全带、作业时未戴防护镜等个人防护用品

进入施工现场后，作业人员不按规定正确使用安全帽、安全带、防护镜等个人防护用品，往往引发高空坠落和物体打击等人身伤害事故。如在切割金属件时，不戴防护镜，飞溅的铁屑可能伤害眼睛；而正确佩戴安全帽在很大程度上能避免高处掉落的杂物对人的致命打击；同样，正确使用安全带则能十分有效地防止高处作业人员意外坠落造成的人身伤害。

三、违章作业、操作不当或不了解机械设备的性能，导致错误操作

操作不当或误操作是指操作人员因受到自身水平或能力的限制，对机械设备的性能、操作规程和程序不了解或理解错误造成的。一般没有主观意识上的"故意"，不知道或不理解占据多数。而违章作业则不同，施工人员在"违章作业"的错误上，更多的是主观上的"故意"，明知不可为而为之，从而酿发事故。

这种主观上的"故意"危害极大。据调查，建筑工程安全生产事故的相当一部分是由违章作业造成的。这种违章作业一部分是作业人员的个人行为，如深基坑土方开挖过程中的土方超挖，往往是机械操作人员的个人行为。而另一部分是工程管理人员的错误指令。如在土方开挖阶段，施工单位为了抢工期，故意减少混凝土养护时间，在支撑梁强度未达到设计要求时，强行指令作业人员进行下层土方开挖。或为了抢工期，故意不施工一部分支撑梁，造成基坑重大安全隐患。一个典型的案例是某工程在施工过程中，在未施工第三道支撑和围檩梁时就强行进行第四层土方开挖，幸亏及时发现，及时制止并采取补救措施，防止了重大安全事故的发生。如图 2-1 所示。

图 2-1　事故隐患发生地

与错误指令造成的违章作业相比，个人行为造成的违章作业更多。如在另一个施工现场，不到半年的时间里连续发生了三起吊车倾覆事故，其中两起是履带式吊车，一起是轮胎式吊车。造成三起倾覆事故的原因基本相同，即违章作业。

　　第一起事故是履带式吊车在起吊地下连续墙的锁口管时，事先未用千斤顶将锁口管与混凝土脱离，混凝土对锁口管产生了摩擦力。在起吊前，吊车司机又未按操作规程进行试吊，直接加大马力起吊，违反了"严禁起吊埋于地下或粘结在地面上的构件"的规定，导致起重臂断裂，吊车倾覆。

　　第二起事故的原因与第一起几乎一模一样，履带式吊车在起吊一个空的移动式泥浆池时，因钢质泥浆池底被地面泥浆吸附，产生了强大的大气压力，而吊车司机却误认为起吊一个空泥浆池的重量根本不会有问题，不经过试吊直接起吊，导致泥浆池吊钩断裂，吊车倾覆。

　　第三起事故则是用50T的汽车吊在卸一个近30t的机械时，因为吊车的功率相对较小，起吊时动作过大，在机械离开车厢时，瞬间的冲击力导致机械发生晃动，汽车吊倾覆。

四、酒后作业或因某种原因导致的情绪失控

　　施工人员酒后作业的情况时有发生。酒精会使中枢神经系统兴奋，导致做事不考虑后果，企图突破平时的极限，酒精还会影响神经系统内部神经电信号的传输，导致比平时反映要迟钝。因此，施工人员在作业前和作业中，应严格禁止饮酒，否则容易导致施工人员操作不当或误操作，引发安全生产事故。如嘉兴某大型混凝土构件有限公司挂钩工因酒后违规作业导致死亡。

　　情绪和个人的性格有很大的关系。在激烈的社会竞争下，人们面临的生存、职业、家庭、健康等压力，情绪的反应也就比较强烈。有的事物使人产生愤怒、郁闷、悲哀、恐惧等情绪。这种不良或失控的情绪不仅有害身体健康，还可能使有的施工人员对周围环境认识产生错误，带来高空坠落、机械伤害或其他意外事故。

五、作业人员的身体条件不能满足施工要求，如有肢体残缺、精神疾病、年龄过大或过小等

　　随着社会的发展，人们的生活水平越来越高，越来越多的人不愿从事又脏又累、工作条件相对较差的建筑施工。而中西部的大开发，又使得大量的劳动

力留在家乡参加建设，使得建筑劳务人员更趋紧张。

为了解决劳动力困难，施工现场不得不使用一些年龄过大或过小的人员。同时，由于劳务人员流动性大，出于成本考虑，施工单位往往没有按规定对劳务人员进行体检，导致一些带有基础疾病的人员进场施工，给安全生产带来了隐患。调查中发现，施工现场经常有一些带有基础疾病或残疾的、年龄超过55周岁人会在进行一些辅助性工作。这些人在正常的、平坦的作业场所工作，问题不大。但在复杂的工作环境或突发事件面前，他们的应对反应能力低，容易发生安全事故。

如果患有基础疾病的作业人员在岗位上突然发病，极有可能造成安全事故。如近年来，杭州某地区的建筑施工现场，每年都会发生人员猝死的现象。而相当一部分的人身伤害事故的对象也是年龄偏大或偏低的人员。

六、作业中发现周边环境和使用的机械设备有异常情况或疑难问题时，或明知作业环境存在安全隐患，既不采取措施也未及时向上级管理人员反映

这种现象在不少施工现场普遍存在，非常令人痛心。发生这种现象的根源一是当事人的基本素质跟不上时代发展，认为事不关己，高高挂起，只要自己注意，不伤害到自己就行了。或是曾经向有关人员或部门反映过类似问题，但没有人来关心处理，冷了心。或是长期在恶劣的施工环境中，见怪不怪，麻木不仁。

这种想法危害极大，他们不明白"城门失火，殃及池鱼"的道理。今天你发现了安全隐患不报告、不处理，明天他发现了也不报告、不处理，一些本应该及时得到治理的安全隐患得不到治理，安全生产的条件将越来越差，最终一定会引发安全事故。

七、使用不安全或安全装置不齐全的机械设备

在施工现场，使用不安全或安全装置不全的机械设备的现象相当普遍。

检查中发现，不少机械设备的安全装置不符合要求。如有的塔吊限位装置失灵，有的附着装置未按产品说明书要求的间隔高度设置，大量的塔吊没有按规范要求安装风速仪等。搅拌机、钢筋弯曲机等设备没有按要求进行保护接地，木工圆盘锯无防护罩等更是随处可见。

如 2004 年宁波某工程，安装工人将升降机导轨架从 100m 高度拆除到 60 多米后，因下班时间到了，未确认安装上限位装置就自行下班。第二天早晨，民工自行开动升降机，结果发生冲顶事故。

又如，2009 年杭州市某大厦在钢结构吊装过程中，使用的塔吊起重量限制器失效和小车刹车失灵，在起吊一根 7t 多重的钢柱时，由于钢柱的重量已经接近该塔吊吊装幅度范围内的起重极限，加上起吊速度过快，起吊时大臂在瞬间外力作用下下垂，而刹车失灵后的小车向大臂外端滑行，起重力矩超过了大臂的承受能力，造成大臂断裂事故。

此外，使用防护设施不全的机械设备造成人身伤害的事故也屡见不鲜。如在施工现场经常发生的圆盘锯锯断工人手指的事故，甚至发生施工人员在打桩机上作业时，裤脚管不慎卷入传动轴，导致大腿拉断，失血过多的死亡事故。

使用这些带有安全隐患的机械，直接威胁到操作人员的安全，应该引起安全生产管理人员充分的重视。

八、为方便施工，故意拆除机械设备的安全装置

在一些管理相对松懈的地区与施工项目，有时会发生故意拆除安全装置的方法来提高机械设备的施工效率。这种情况不像使用安全装置不全的机械设备那样普遍，但时有发生。或者明知机械设备的安全装置失效，为了便于施工，故意拖延时间不修。这种主观故意危害极大，许多安全事故的发生都与此相关。

九、项目管理人员从自身利益出发，或为了达到某种目标，不顾工程 的实际情况或工程建设规律，瞎指挥

施工过程中，经常会发生项目管理人员不顾工程的实际情况或工程建设规律瞎指挥的情况。这种情况的发生一般有下列原因：

一是"首长工程"。在某些建设项目中，特别是关系到民生的"政绩"工程，往往因为领导的"指示"或"要求"，建设单位和施工单位的管理人员就不顾建设工程的内在规律，"讲政治"，"抢速度"。这种不从工程的实际出发，不实事求是的作风，不仅给工程质量埋下了隐患，也给安全生产带来了很大的危害。

二是房地产开发商为把握销售时机，强行要求施工单位按他指定的时间表进行施工。与"首长工程"讲"政治"不同，开发商采取的是合同手段和经济

措施。一方面在合同条款谈判时，开发商就以施工单位能否按照分部工程完成的时间节点进行施工，作为其承接业务的前提。迫于建筑市场供需不平衡的压力，施工单位不得不接受开发商的条件。另一方面，开发商通常在合同条款上约定，以施工进度节点作为考核目标，对施工单位进行相应的奖励和惩罚，有的合同奖惩条件十分"诱人"。施工单位在合同条款的重压和经济手段的利诱下，往往会头脑发昏，采取一些违背基本建设客观规律的措施，给安全生产带来隐患。三是没有掌握事物的客观规律，对"新工艺、新技术、新材料、新设备"等"四新"技术或复杂的地质条件和周边环境认识不清，盲目下达施工指令。四是工作中没有科学的工作作风，或不坚持原则，屈从于某种压力，或出于个人目的考虑人情关系等，下达错误指令。

由于客观条件的影响或技术手段的限制，使我们对新生事物的客观事物发展的规律不了解，没有控制住事物发展的风险，发生一些事故是难免的，也是能够理解的。但对由于立场不同，主观意识造成的安全生产或工程质量事故，则应该采取"零容忍"的态度。

如某工程在基坑围护施工过程中，由于地下连续墙的位置正正方有地下通道，要保证地下连续墙的施工必须采取一些技术措施，凿穿地下通道的顶板和底板，需要增加费用150余万元。为了节省资金，某单位提出仅在地下通道的顶板以上部位用 SMW 工法桩进行围护的施工方案。遗憾的是，在明知通道部位地下水未被阻断，基坑存在安全隐患的前提下，该方案竟通过了专家论证。开挖后，大量的地下水涌入基坑，不得不重新回填，重新采用全旋转挖机进行围护施工。如图 2-2 所示。

图 2-2　事故发生地

又如杭州市城西某工程,地下二层,基坑围护采用水泥搅拌桩复合土钉支护,在对该地块的地质条件和周边环境进行调查的基础上,综合考虑施工单位的施工经验和人员素质,监理单位曾认真地向建设单位和设计单位提出修改围护体系的建议。由于设计单位站在建设单位的立场上,为了省钱,没有采纳监理单位的意见,结果在基坑开挖过程中,造成近200m的基坑坍塌,直接经济损失1500余万元。

因此,在施工过程中,人的不安全行为危害极大,是引发安全事故的最主要的隐患之一,在安全生产中需要进行重点控制。

第二节 管理缺陷

管理缺陷主要指管理制度不健全或施工中未严格按制度执行的情况。管理缺陷是建筑工程施工项目常见的安全生产隐患,它在施工现场的表现主要有下列几类:

一、安全生产责任制度不完善,安全生产管理机构不健全

一般情况下,施工单位均有完整的安全生产责任制度,有一套清晰的安全生产管理网络和岗位设置。对施工单位的主要负责人、各职能部门的负责人到施工项目的项目经理、技术负责人,直至专职安全员、施工员的岗位设置和安全生产责任有明确的规定。否则,在激烈的市场竞争中,企业将无法生存和发展。

但在施工现场,安全生产责任制度和安全生产管理机构的建立健全的情况却不容乐观。一个突出的表现是未按规定配备专职安全员。

住房和城乡建设部在《施工安全管理机构及专职安全员配备办法》中明确规定专职安全员的数量:"建筑面积 10,000m^2 以下至少 1 人;10,000 ~ 50,000m^2 的至少 2 人;50,000m^2 以上的至少 3 人,且应按专业配置。"在此基础上,根据当地的安全生产形势,各地建设行政主管部门对专职安全员的配置进行了补充规定。如浙江省规定:"建筑面积在 50,000 ~ 100,000m^2 的工程专职安全员不少于 3 人,100,000m^2 以上的不少于 4 人,每增加 100,000m^2 增加配备 1 人。"对施工现场的安全生产管理人员提出了更高、更明确的要求。

但从检查中发现，许多施工现场的专职安全员的数量未按规定配备。如有一个工程，建筑面积 140,000m²，总承包单位实际仅配备了一名专职安全员。等到建设行政主管部门检查时，从其他项目拉来安全员凑数。这种情况在施工项目上并不少见，其中也包括"国企"和"央企"的一些大型或特大型施工企业。

安全生产管理机构不健全的另一个表现是专职安全员的地位不独立。即他们的组织关系隶属于施工项目经理，他们的工资由施工项目部支付，他们的奖金与施工项目的利润挂钩。因此，专职安全员的工作不可避免地要受到施工项目其他管理人员的干扰，可能在安全生产管理上出现人为的偏差。这种现象在民营施工企业表现的更加突出。

安全生产管理机构不健全造成的直接后果是各项安全生产管理制度得不到很好的落实。给安全生产隐患的存在与发展提供了土壤。

二、安全生产检查制度不落实

安全生产需要企业建立安全生产管理机构，并制定相应的安全生产责任制度。安全生产管理机构的运行是否正常？安全生产责任制度是否明确、完整和适用？需要通过检查才能得到验证,并在检查中不断发现问题,不断改进。同样，施工现场的安全生产管理情况如何？是否满足安全生产条件？企业制定的安全生产责任制度是否得到落实以及落实的程度如何？各项安全技术措施是否按施工方案执行？都需要通过持续不断的安全生产检查，不断地发现问题，不断地改进，才能真正地防"患"于未然。而持续不断的安全生产检查需要有一个良好的制度来保证。

但是，不少施工企业和施工项目部没有很好的执行安全生产检查制度。我们在调研中发现，虽然施工企业都制定了比较完整的安全生产检查制度，但在施工现场的执行中往往大打"折扣"。

在施工企业组织的安全生产检查中，不少企业做得相当认真。但由于这些检查往往是预先通知的，施工现场通常进行了准备，不能反映施工项目安全生产的实际情况。而在施工项目部自行组织的月度检查和每周检查中，许多施工单位的项目经理和技术负责人没有按照制度规定参加检查，甚至有的项目经理一次都没有参加过。周检和月检制度停留在纸面上，仅靠安全员对施工现场的安全生产情况进行巡视检查。

由于安全检查制度不能得到很好的落实，大量的安全隐患不能及时发现，给安全生产带来了威胁。

三、施工组织设计和专项施工方案的编制未按规定程序编制，或审批程序不规范，手续不全

住房和城乡建设部在《危险性较大的分部分项工程安全管理办法》中明确规定："专项方案应当由施工单位技术部门组织本单位施工技术、安全、质量等部门的专业技术人员进行审核。经审核合格的，由施工单位技术负责人签字。实行施工总承包的，专项方案应当由总承包单位技术负责人及相关专业承包单位技术负责人签字。"

但实际上，相当一部分危险性较大的分部分项工程的施工方案没有经过施工单位的技术部门审核。在一些大型、特大型施工企业的施工项目上，由于跨省市施工，企业总部不在当地，也没有按照《建筑施工组织设计规范》的要求进行授权技术人员审批，施工方案的审批变得比较麻烦，可能会影响工程的正常施工。因此，有的施工项目部经常复制或仿造方案审批表，以绕开正常的审批程序。更为严重的是，有一些施工专项方案并不是专业技术人员编制的，而是施工项目的资料员以网上材料作为范本加上本工程概况拼凑成的。

施工组织设计和专项施工方案编制的程序或审批程序的不规范往往造成施工组织设计和专项施工方案的编制混乱和质量低下。这种混乱和质量低下表现在编制人员的资历、专业水平不符合要求，施工技术措施缺乏针对性或内容不齐全，安全技术措施不符合规范强制性条文的要求或构造要求。

如在某工程超大、超长的钢梁拼装施工中，钢梁距楼面高度 10m。施工单位在原方案中设计用直径 377mm 钢管作为支撑，并使用 2 根钢丝绳作为风缆。施工方案经项目技术负责人签字后报监理机构审批。监理工程师审查后发现，仅用 2 根钢丝绳作风缆不能保证支撑钢管的稳定，要求施工单位修改方案，以保证安全。

类似情况的发生，如果遇到水平较高，责任心较强的监理机构，可以及时发现问题，并及时采取纠正措施，将安全隐患扼杀在"摇篮"中。反之，施工方案失误导致的后果就可想而知了。

四、超过一定规模的危险性较大分部分项工程施工方案未按规定进行专家论证，或论证后因施工条件变化对施工方案进行重大调整后未重新论证

住房和城乡建设部之所以在《危险性较大的分部分项工程安全管理办法》中

规定了：超过一定规模的危险性较大分部分项工程施工专项方案需要通过专家论证的程序。主要是想通过专家论证的手段，一是能有效地弥补由于施工单位、监理单位因施工经验或专业技术水平不足，可能造成施工方案中的缺陷。二是防止施工单位不根据工程特点和环境的不同对施工的影响，凭经验主义盲目施工。

我们在对施工方案的专项检查中，尤其在对未按规定进行专家论证的施工方案的检查中发现，不少施工方案中的安全技术措施存在问题，有些问题还相当严重。如某工程玻璃幕墙工程，高度107m，原设计方案幕墙高出屋面7m，并向屋面外侧挑出2m，施工方案经专家论证后实施。施工过程中，建设单位提出并由设计单位出具工程变更单，将幕墙高度增加到113m。由于高度增加了6m，向外挑出2m幕墙高度从7米增加到13m，设计单位对原有的幕墙结构体系作了重大调整，原有立柱的刚度和强度都需要加强。由于设计变更时该工程的塔吊已经拆除，给幕墙结构体系的安装带来了很大困难，施工难度大大增加。

由于幕墙的高度变更，对原施工方案的影响很大，施工用脚手架、吊篮的安装以及立柱的吊装方案也应该进行调整。按理说，这种调整属于重大调整，施工单位的施工方案应重新进行专家论证。但是，施工单位在对原施工方案进行调整后，并没有重新论证，给工程质量和安全生产带来了隐患。事实也证明，没有经过专家论证的方案存在许多缺陷。首先，单根幕墙立柱的重量从几百公斤增加到2吨多，原来使用简易卷扬机吊装的方法和立柱安装固定的方法均不适用，立柱需要分段焊接安装。二是立柱改成分段焊接安装后，原有的操作架要承受一部分荷载，需要进行加高和加固。三是吊篮的安装的方法和玻璃安装的工艺要进行调整，否则无法进行清洗和检修。这些措施的调整均对幕墙施工安全产生产生了较大的影响。

因此，施工单位为了省钱，或为了怕麻烦，在有意避开专家论证这一重要环节的同时，也往往同时埋下了发生安全事故的隐患。

五、三级安全教育制度不落实，施工作业人员未经系统的上岗教育培训或分部分项工程安全技术交底

施工单位的三级安全教育应根据施工项目的环境和从事工种的不同，对每一个作业人员（工种）进行安全意识和危险认知能力培养。上岗教育培训是对作业人员职业素养、职业技能和职业生存的基本培训。而安全技术交底则是在特定的环境下，进行特定工序施工前，提高施工作业人员应对出现不同的、复杂变化情况时的自我保护的意识和能力。

因此，三级安全教育、系统的上岗教育培训和安全技术交底的有效结合才能减少或防止安全事故的发生。特别是目前劳务人员安全意识普遍低下的情况下，这样的教育和培训更加重要。

但是，不少施工单位和施工项目部并不重视三级安全教育、上岗培训和安全技术交底。施工现场不少作业人员没有经过三级教育和安全技术交底。

检查中发现：施工项目部对特种作业施工和一些危险性较大的分部分项工程（如起重机械的安装和拆卸）施工比较重视。一般的特种作业人员基本经过培训和考核，取得上岗操作证书后才能上岗作业。并且施工前，施工单位的安全技术交底做的也比较好。但在支模架的搭设和电焊作业中，却经常发现无证人员在施工。

在一些普通、没有技术要求的劳务人员中，特别是从事辅助性生产如清扫工等从事杂务的工种，上岗培训和三级教育的情况就很不乐观。不少劳务人员根本没有接受过任何形式的安全生产教育。不少施工项目部提交的三级教育记录，具有伪造的痕迹。更为恶劣的是，发生伤亡事故后，为应付追究责任，居然伪造死者的三级教育记录。

事实证明，建筑工程施工现场许多的安全事故受害者，都是一些没有经过良好的上岗培训、三级安全教育和安全技术交底的人。

六、施工单位主要负责人、项目负责人、项目技术负责人、专职安全生产管理人员或特种作业人员不具备基本的岗位技能和资格，无证上岗

施工单位主要负责人、项目负责人、项目技术负责人、专职安全生产管理人员或特种作业人员无证上岗的危害极大。

施工单位的主要负责人和项目负责人没有取得安全生产管理岗位证书，说明其没有经过系统的安全生产管理知识培训，没有通过建设行政主管部门的安全生产管理岗位的上岗考核，缺乏建筑施工安全生产管理的能力。如果放任自流，将危害极大。因为，对建筑工程施工进行安全生产管理，不仅需要领导者掌握有关安全生产的法律法规知识，还需要有扎实的施工技术理论基础。作为一个领导者，没有取得这方面的证书，只能证明其在这些方面的能力不足，容易在严峻的安全生产形势下不能保持清醒的头脑。相反，容易在上级领导的"旨意"下，或是在经济利益的诱惑下，作出错误的决策。

在民营企业经济发达的地区，不少施工项目的负责人就是工程施工的实际控制人。当企业领导人不够强势时，往往会对这些项目负责人没有很好的控制能力。

因此，如果项目负责人没有取得安全生产管理岗位证书，无证上岗，盲目追求经济效益或工程进度时，会对安全生产造成危害。在有的时候，这种危害程度甚至超过施工企业的负责人。

在施工项目中，技术负责人的主要工作是根据建筑工程的特点和所处的环境编制施工方案，提出保证工程质量和安全生产的技术措施，并监督其执行。

与项目负责人不同，项目负责人对安全生产的管理是在战略层面上，是全局性的。项目技术负责人则是在战术层面上，是局部性的，即项目技术负责人对安全生产的管理主要是在技术层面上的。如果项目技术负责人不具备基本的岗位资格和技能，说明其不具备必要的、基本的技术素养和技术管理能力。因此，他可能对施工中应采取的安全生产技术措施的针对性、适用性和可靠性不能作出准确的判断和选择，对施工过程中采集到的大量的信息不能进行正确的分析和综合，就不能及时发现施工生产过程中采取的安全技术措施存在的缺陷，从而引发安全事故。这种局部性的、战术层面上的错误的危害是十分有害的，它引发的安全事故可能是重大灾难。如某工程基坑施工，基坑开挖深度 10m，淤泥质土，采用钢筋混凝土桩加二道砼内支撑结构围护。基坑开挖时，相邻工地也在进行基坑开挖，两个基坑间距 10m，中间作为施工道路，相邻工地在施工道路的西侧。某工程基坑开挖过程中发现围护变形过大，根据设计要求，施工单位在第一道砼支撑上增加了钢支撑。考虑到土方运输车辆要在两个基坑之间的道路上行驶，相邻基坑的施工单位对道路西侧的围护进行了加固。相反，某工程基坑的施工单位却没有在围护结构施工方案中考虑在道路东侧采取加固措施。如果项目技术负责人具备基本的理论知识和相应的施工经验，这种错误是十分容易发现和纠正的。由于施工项目技术负责人的认知错误，没有采取相应的措施，结果在重载车辆的反复作用下，坑底发生涌土近 4m，使得围护结构坍塌。图 2-3 为坍塌现场。

专职安全员的工作十分重要，他们是施工现场最主要的安全生产管理者。既要对企业和项目部安全生产管理制度的实施负责，又要对组织施工人员的上岗培训、三级教育和安全技术交底的实施负责，同时还要每天对施工现场进行安全隐患的排查。既要对发现的安全隐患建立信息档案和及时向项目负责人报告，又要在安全隐患存在处设置明显的警示标志防止人员受到伤害。在安全隐患消除前，还要对警示标志进行检查和维护，防止标志破损和移动，并督促负责安全隐患治理工作的部门（人员）及时消除隐患。同时，在危险性较大的分部分项工程中的关键部位、关键工作实施现场监督。总之，专职安全员的岗位需要这个群体在工作中谨小慎微，一丝不苟，有高度的社会责任感，他们工作的好坏直接关系到施工现场所有人员的安危。因此，专职安全员无证上岗的危

图 2-3　坍塌现场

害性显而易见。

　　特种作业人员需要持证上岗，一是因为他们的工作环境本身就处于高危状态。如架子工，他们整天处在高空，劳动强度大，加上风吹日晒，自身的安全保护措施稍有不慎，就可能发生坠落事故。又如塔吊司机，无论春夏秋冬，一年四季待在 1 个多平方米的工作室里操作，容易产生疲劳感，精力一不集中，极易发生操作失误，导致机械伤害事故。二是技术要求高。如电焊工，不仅经常身处高空作业，施工时容易引起火灾，而且他们的施工质量直接影响到工程结构的安全。同样，架子工在搭设扣件式钢管高大支模架时，不仅对支模架的构造有严格的要求，而且要求扣件螺栓的拧紧力在 40 ～ 65N•m 之间，施工难度大、精度要求高。否则，高大支模架的安全得不到保证。又如起重机械司机，作业时，要求精神高度集中，操作稳、准，才能将材料和构配件迅速、安全地运送到指定的地点。相反，则可能造成安全生产事故。三是要求他们具有高度的责任感。特种作业人员工作环境和工作性质的特殊性决定了这个群体需要有对工作和对社会的高度责任感。才能在保证自身安全的前提下，同时保证工程结构的安全和他人的安全。

　　因此，在任何一个施工现场，特种作业人员都必须持证上岗。

七、施工单位或项目部对已发现的安全隐患未及时整改

　　对发现的安全隐患不能及时整改，是施工现场安全事故多发的十分重要的原因，也是施工项目安全管理的短肋。由于安全隐患的存在，作业人员的安全

时刻受到的威胁。我们发现，安全隐患不能及时整改，往往基于下面几个原因：

（1）施工人员对存在的安全隐患可能造成的恶果认识不足，有"认为施工现场哪里可能没有问题，多少年干下来也没发生什么问题，总不至于那么倒霉"的错误思想。因此，对安全隐患的治理拖拖拉拉，这种见怪不怪、麻痹松懈的思想是安全生产的大敌。

许多工人认为不戴安全帽、某处临边没有栏杆是小事，其实不然。浙江台州某工程，某安装公司二个工人在抬一根钢管上楼梯时，走在后面的工人不慎失足，跌落到仅 1m 多高的下一层楼梯上，由于未戴安全帽，导致后脑着地死亡。据了解，类似事件的发生绝不是个案，在其他施工现场也发生过。同是该工程，一个工人在 5m 多高的脚手架上从事石材幕墙安装作业，不小心从架子上"倒栽葱"坠落，地面上堆满了棱角锋利的块石。由于该工人正确佩戴了安全帽，在安全帽砸碎的情况下，仅脑袋受了点轻伤，避免了一起死亡事故。

（2）项目主要负责人的赌博心理作怪。许多施工项目的负责人都有这种不正常的心理。之所以称之为"不正常"，是这些项目负责人宁愿花几十万、几百万甚至牺牲企业的利益去处理死亡事故，却不愿意花十万、二十万的资金来加强日常的安全生产管理，避免事故的发生。在某次死亡事故的处理结束后，我们给项目经理算了一笔账：事故的原因很简单，一个十几万平方米的施工现场只配备了一个专职安全员，由于其中某一个洞口没有栏杆防护，工人失足坠落死亡，处理事故费用总计人民币 140 余万元。如果在项目上平均每天安排 2 名工人，专门从事临边、洞口的防护工作（按照常规做法，应该能够满足要求），每个工人每天工资 200 元，每年 300 个工作日，工期 2 年，费用是 24 万。或者增加专职安全员，加强检查，其费用也远远低于死亡事故的处理费用。

安全隐患的整改需要长期的、持续不断的人力和资金投入。一般情况下，这种投入看不到明显的经济效益，只有在人员伤亡时才能发现安全生产主观投入的重要性。因此，一些项目负责人产生了"赌一把"的心理，用作业人员的人身安全和安全生产投入进行博弈，存在"不死人"就"赢"了的错误心理。

（3）整改难度大。有的安全隐患因为种种原因，从一开始就没有被发现，等到发现时再整改，需要投入大量的资金，整改阻力相当大。如某超高层建筑，施工方案中的消防立管设计为直径 50mm 的镀锌钢管，编制程序和审批程序都符合要求。在一次例行的安全检查中发现，该消防水管的直径过小，不符合《建设工程施工现场消防安全技术规范》强制性条文的要求，需要停工整改。由于该工程主体结构施工已经完成，即将进行室内装修，如果不整改，装饰装修阶段中将会使用大量的易燃材料，一旦发生火灾，后果不堪设想。如果整改，需要更换整个临时施工用水管道，投入近700m直径100mm以上的镀锌钢管和相应的配件，增加2台高层转换水箱和2台水泵，加上停工整改，施工单位要承受相当大的损失。因此，类似的安全隐患整改阻力大，整改困难。

八、浓雾、强风、雨、雪天等恶劣气候作业时无可靠的安全保障措施

为了满足工期要求，施工单位经常需要加班加点工作。但是，在恶劣的气候条件下施工，如果没有可靠的安全保障措施，就容易产生安全事故。比如基坑施工，由于受到周围环境和交通条件的限制，常常安排夜间进行土方开挖，如果没有足够的照明，就有可能发生挖掘机伤人或土方运输车辆发生交通事故。发生在杭州某工地的运输车辆事故，就是因为照明不足，驾驶员倒车时视线不好，撞断栏杆后坠落基坑。

在能见度低或视线不良的雨雾天施工，极易发生高空坠落和物体伤人事故。如果冒险进行材料和构件运输，容易发生起重机械伤人，甚至多台塔吊相撞的事故。

在风力达到6级或以上时，垂直运输机械在风力的横向作用下，稳定性受到很大的影响，如果强行作业，就有可能造成重大安全生产事故。特别在高层、超高层项目的施工就更加危险。因为风力的大小与高度有关，高度越高，风力越大，越容易造成机械失稳。

此外，雨天容易导致电器、电线电缆漏电，不及时清除积雪或冰层易发生滑倒坠落等事故。

因此在恶劣的气候条件下施工，如果没有采取安全可靠的措施盲目施工，发生事故的概率远远超过正常天气。

第三节 物的不安全状态

物的不安全状态是指使用的各种机械设备、工具、临时设施、施工措施、材料或施工作业环境或在建项目等处于不能满足相关规范要求，会造成安全事故的状态。

在建筑工程施工现场，物的不安全状态往往直接导致安全事故的发生。

物的不安全状态是一个广泛的概念。它既包含了因施工质量差造成建筑物的结构或构件的不安全状态；也包含了施工设备和设施违章进行安装或拆除、使用、管理不善或维修保养不当造成的不安全状态；同时，还包含了施工现场周边环境的不安全状态。

从安全事故统计分析来看，物的不安全状态造成事故的危害性比其他二类隐患造成的后果更加严重。因为建筑物的倒塌、基坑围护的坍塌以及垂直运输设备等大型设备设施的事故往往造成群体性的伤亡事故。

建筑工程施工过程中物的不安全状态十分容易出现，主要有下列几类：

一、未按技术规程要求进行大型机械设备安装和拆除

施工现场大型的机械设备如塔吊、打桩机等不按照技术规范的要求进行安装和拆除，从而给施工安全带来威胁或造成事故的案例很多。为了防止和减少机械设备伤害事故，在《建筑机械使用安全技术规程》及相关的技术标准中，对建筑施工机械设备的安装、拆除和使用作出了明确规定。只要在作业中严格执行这些标准，一般都能保证施工安全。

但是，施工现场的现状与标准要求存在着不小的差距。如《建筑机械使用安全技术规程》第 4.4.6 条明确规定："起重机的拆装应有技术和安全人员在场监护。"《塔式起重机》第 10.1.4.2 条规定：塔式起重机"安装主管应有 5 年以上塔机或类似设备的安装与拆卸工作经验，并接受过安装主管方面的培训"。但在施工现场，塔式起重机的拆装很少有技术和安全人员在场监护，经过主管方面培训的塔机安装主管更是凤毛麟角。

为加强对大型设备安拆的监管，杭州市某行业管理部门曾经发布文件，在塔吊等大型起重机械装拆时，监理人员必须实施旁站。由于监理人员的技术水平受到专业条件的限制，这种旁站仅止于形式，对安全事故的发生起不到预防作用。

又如《建筑机械使用安全技术规程》第 4.4.14 条明确规定："在拆装作业过程中，当遇天气剧变、突然停电、机械故障等意外情况，短时间不能继续作业时，必须使已拆装的部位达到稳定状态并固定牢靠，经检查确认无隐患后，方可停止作业。"这一条虽然不是强制性条文，但如果在实际执行过程中出现偏差，造成的后果十分严重。如 2008 年发生在湖南长沙某工程的施工升降机事故，就是因为到了下班时间，安装工人未将架体连接螺栓全部拧紧，且断电上锁就下班，更别说悬挂警示标志。第二天上班，作业人员以为施工升降机可以使用，擅自开动升降机，结果酿成重大伤亡事故。

二、机械设备在使用过程中超负荷运行或未及时进行维修保养、带病运行

施工现场的机械设备在使用过程中超负荷运行、不及时进行维修保养或带病运行的现象十分常见。如车辆超载导致的制动失灵，起重机械超负荷吊装，施工升降机、塔吊、打桩机等机械设备不按规范或产品说明书的要求进行维修保养，甚至带病运行等。这些现象常常导致事故发生。如2004年在浙江台州某工程，由于搅拌机料斗挂钩缺失，施工人员在清理搅拌机周边的砂石料时，只是将搅拌机的料斗升起到竖直状态，仅靠手动刹车控制料斗，人在料斗下进行清理作业。在清理过程中，手动刹车受到震动松脱，作业人员被料斗砸成重伤，高位截瘫。类似的案例举不胜举。

三、圆盘锯、电焊机等工器具没有可靠的防护措施

一些常用的工器具缺少可靠的防护装置，造成作业人员人身伤害的案例也不在少数。如电焊机、钢筋加工机械等缺少保护接地装置，搅拌机、加工场地等缺少水平防护，手枪钻等电动工具的线路乱拉乱接等。这些现象，看似小事，如不加强管理，同样会造成安全事故的发生。施工单位违规吊装混凝土桩头就是十分典型的例子。因为万一钢丝绳脱落，重达1t多桩头成自由落体，不要说工地上做到处处都有水平防护，就是有，这么重的物体砸下来，有再好的水平防护也无济于事。如图2-4所示。

图2-4 违章吊装隐患

但对于散装材料或一般的物体，水平防护的作用还是相当有用的。如 2013 年杭州某工程在违规吊装气瓶时，几十公斤重的钢瓶从 100 多米的高空落下，遇到水平防护的阻挡，砸穿模板和毛竹片组成的防护棚并砸弯钢管后落地，避免了一起安全事故。同样，如不注重手持电动工具的管理，作业人员就有发生触电的可能，或者可能发生电路短路引起火灾等安全事故。

四、临时设施的布置不符合安全要求

临时设施是指施工现场建造的、为建设工程服务的各种非永久性的建筑物、围墙、大门、材料堆场、施工道路、加工场所、给排水及消防设施等。临时设施的布置不仅要满足生产和生活的需要，还要满足安全生产的要求，并遵循既有利于生产，又方便生活；既保证施工快速安全，又经济可靠的原则。

但在施工现场临时设施的搭设中，许多还达不到规范的要求。在一些施工场地困难的项目，甚至将临时设施搭设在地质条件不稳定、容易引起坍塌的山坡、河流边。

在主观上，由于临时设施按标准搭设需要大量的资金，不少施工单位从个体的经济利益出发，不愿投入，抱着"省一点是一点"的想法，使得临时设施的搭设达不到规范要求。如使用芯材燃烧性能达不到 A 级标准的金属板建造临时用房；采用直径 75mm 甚至 50mm 的钢管代替 100mm 钢管作为临时消防水干管等。

客观上，在城市的中心地带或山区，施工场地普遍紧张，很难满足临时设施搭设的要求。如《建设工程施工现场消防安全技术规范》规定：易燃易爆危险品仓库与在建工程的防火间距不小于 15m，可燃材料堆场及其加工场、固定动火作业场与在建工程的防火间距不小于 10m，其他临时用房、临时设施与在建工程的防火间距不小于 6m。一般情况下，易燃易爆危险品仓库的面积不大，在施工现场比较容易解决。但对于需要使用大量竹、木材料的建筑工程来说，由于施工场地的狭小，要满足规范的防火间距要求就相当困难了。在山区和一些用地困难的地方，有的施工项目的临时设施布置在地质条件不稳定的山脚或河边，受大雨或地质活动的影响，容易发生泥石流、洪水等自然灾害，造成人员伤亡事故。如 2001 年，杭州拱墅区某材料公司建筑工程施工现场，因山洪暴发，排水口堵塞，违章建造的围墙被排泄不畅的山洪冲垮。倒塌的围墙压塌一临时用房，造成 22 人死亡，7 人受伤的重大安全事故。汶川大地震发生后，某监理公司在支援青川灾后重建时，临时用房建在山坡下，发生余震后，倾泻而下的泥石流瞬间将临时用房整个掩埋。

五、支模架的地基或其本身的承载能力不足，高大支模架的构造不能满足稳定性要求

　　支模架的地基承载力应满足支模架的承载力和架体自身重量的要求。这一点，在搭设首层支模架时应特别注意。如果首层支模架搭设在原状土上，需要对原状土的承载力进行验算；如果搭设在回填土上，则需要对回填土进行处理。地基承载力经验算和处理结果满足要求后才能搭设支模架，否则，混凝土施工时容易发生支模架变形甚至倒塌事故。

　　此外，施工现场支模架本身承载力不能满足荷载要求也是引起倒塌事故的常见的主要原因。近年来，频频发生在建筑工程施工时主体结构坍塌的事故都与地基承载力和支模架承载力不足有关。如2004年5月29日发生在浙江北仑某车间工程在浇捣二层楼面混凝土时的支模架坍塌；2013年1月30日浙江诸暨某技师学院图书馆工程支模架倒塌；2013年9月15日浙江龙泉某青瓷有限公司车间厂房的支模架倒塌等。

　　支模架本身承载力不满足要求的主要原因有：（1）支模架方案计算错误。常见的是荷载取值偏小或安全系数的取值不合理。（2）支模架的立杆或步距未按施工方案搭设，间距过大。（3）支模架的构造不符合规范要求。如剪刀撑、连接件的位置和设置方式不合理，影响了支模架特别是高大支模架的稳定性，导致承载力下降。（4）钢管、扣件等材料质量达不到要求。（5）底座、顶托的安装不规范。

六、外墙脚手架的构造不符合相关规定的要求，架体不稳定；或架体上堆放工具、杂物

　　外墙脚手架有许多类型，建筑工程常用的有扣件式钢管脚手架、门式钢管脚手架和工具式脚手架。由于扣件式钢管脚手架和吊篮（工具式脚手架的一种形式）具有使用方便、搭设简单灵活和经济的特点，在外墙施工时被广泛使用。但也正因为它搭设简单灵活的特点，容易在施工中放松管理，造成作业人员贪图方便，随意性大，不按施工方案搭设的不良习惯。

　　在落地式脚手架的地基满足承载力要求的前提下，如果脚手架的构造和使用符合规范的要求，那么，发生事故的概率微乎其微。因此，现行的规范对外

墙脚手架的构造有明确的规定。如《建筑施工扣件式钢管脚手架安全技术规范》对立杆和水平杆的间距、连墙件和剪刀撑的布置、杆件的连接和悬挑梁的固定等作出了清晰的规定，以确保外墙脚手架的安全。

但在施工现场，不按施工方案搭设脚手架的现象比比皆是。如在搭设过程中不按规范要求设置连墙件，或在外墙装饰装修时任意拆除连墙件；任意加大立杆和水平杆的间距，或在立杆基础下开挖；在架体上随意堆放材料和悬挂设备；架体与结构的距离大于 150mm 时无水平防护措施等。图 2-5 二张照片真实反映了施工现场脚手架存在的安全隐患。

图 2-5　现场图

这些隐患是安全事故多发的温床。如 2009 年 6 月 30 日，浙江临安某酒店在进行外立面装修时，将滑轮组固定在脚手架上吊运石材，并将石材堆放在脚手架上。因荷载过大，脚手架倒塌，造成 2 人死亡五人受伤的事故。

七、基坑周边的荷载过大，止水帷幕漏水、深层土体位移超过设计要求

在深基坑开挖过程中，如果基坑周边的荷载过大，没有采取必要的技术措施，是十分危险的。在软土地基基坑围护施工方案中，一般情况下，设计要求坑边 10m 范围内的荷载不大于 15 ～ 20kPa，特殊情况也有大于该值的。

但因为施工场地的紧张，特别是在一些周边建筑已经完成或使用的施工项目，基坑周边不可避免要堆放部分建筑材料，容易造成荷载超标。此外，受施工环境的限制，有的施工项目的土方运输道路需要平行于基坑布置，施工荷载将大大超过设计要求。

基坑周边荷载过大是造成基坑坍塌的一个重要原因。如 2011 年发生在义乌市金融区块某工程的基坑坍塌事故。由于该工程与周边的建设项目均在紧张的

施工中，并且该工程基坑的一侧是市政道路，相邻工地的建筑材料和废弃物都从市政道路上进出。在载重汽车荷载的反复作用下，围护结构发生破坏，基坑坍塌（图 2-6）。类似的基坑周边荷载过大造成的基坑坍塌事故曾发生过多次，因此，一定要引起工程施工管理人员足够的重视。

图 2-6　现场图

同样，止水帷幕漏水对基坑的安全影响极大，尤其对砂性土基坑的影响更大。止水帷幕漏水后，一种情况是基坑四周的地表水在重力作用下，通过漏水点快速向基坑汇集，如果排水不畅，坑底土的物理力学性能迅速变差，在坑外水压或地下承压水的作用下极有可能发生坑底涌土，导致围护结构破坏基坑坍塌。另一种情况是漏水会使漏水点周围大量的土流失，造成基坑周边地面凹陷沉降、市政管道断裂。市政管道断裂后，加剧土的流失，造成周边道路或基坑坍塌。如 2012 年某市一基坑止水帷幕漏水，开始时漏水量不大，没有引起施工单位的重视。由于一段时间的水土流失，周边地面下沉，引起坑边一根直径 300mm 自来水管断裂。喷涌而出的自来水迅速扩大漏水点，大量的泥沙随着水流进入基坑，造成道路塌陷。图 2-7 为道路坍塌后施工单位的抢修现场。

基坑围护施工中，以搅拌桩为主的重力式挡墙和土钉等柔性结构的围护体系，常常会出现深层土体位移超过设计和规范要求的情况。

出现这种情况的主要原因无外乎下面几种：一是施工质量达不到设计要求。如在施工过程中搅拌桩机的喷浆速度、钻进、提升速度或浆液水灰比、喷浆量等施工工艺和材料中的一种或几种不满足施工质量标准的要求。在土钉施工中的土方超挖、土钉的长度和打入角度偏差过大，注浆量不足等。二是坑边荷载

图 2-7　抢修现场

过大。如堆放大量的建筑材料或承受施工车辆的动荷载的冲击等。三是不利的气候条件影响，如连续的大雨，引起地下水位上升，在增加水压的同时降低土的内摩擦角等。四是地质条件发生变化。这种情况比较少见，但也时有发生。主要是勘探点的布置不足，没有反映出在一些特殊条件下形成的暗浜、池塘或河堤等土体的性质对水泥土凝固的影响。

　　基坑开挖过程中，一旦出现深层土体位移超过设计要求时，应引起充分的重视，并采取必要的措施。尽管柔性结构的围护体系允许土体有较大的位移，在施工中也确实发生过土体位移十几公分仍然安全的基坑。但总体上，土体位移达到警戒值就是一个危险信号。因为凭我们目前掌握的施工手段和监测分析方法，只能从深层土体位移的情况，去分析判断造成基坑坍塌风险的大致范围，还不能精确地对基坑坍塌进行准确的量化。同时，土体的位移是一个渐变的过程，是一个从量变到质变的过程。

　　因此，深层土体位移一旦达到警戒值就是基坑施工进入风险区域的重要信息。如不加以重视，当风险积累即土体位移到一定程度时，不可避免会发生基坑坍塌事故。

八、基坑开挖影响范围内的市政管道、建（构）筑物出现沉降或处于不稳定状态

　　基坑开挖前，应对开挖影响范围内的电力、市政管道和建（构）筑物进行

详细的调查和了解，并采取必要的保护措施。通常情况下，基坑开挖影响的范围为开挖深度的 1.5 倍，根据具体的地质条件，影响范围的设定可以扩大或缩小，但不宜小于 1 倍。

由于基坑开挖必定会引起周边土体的位移和沉降，如果不对这些管线和建（构）筑物进行保护，土体的变形势必使它们受到外力或自身重量的影响。当这些管线和建（构）筑物受到的外力或自身重量引起的变形超过它们的强度或刚度时，地下管线和建（构）筑物会出现不均匀沉降甚至断裂，从而导致事故发生。如上文提到的某基坑由于自来水管道爆裂造成的道路坍塌；浙江余杭某工程基坑坍塌后引起的电力线路破坏（图 2-8）等都是惨痛的教训。

图 2-8　现场图

九、施工作业环境照明不足、场地狭窄、材料堆放混乱、临边防护缺失等

施工作业时需要有足够的照明，特别像一些精度要求高的工序，如钢筋机械连接中的螺纹加工、装饰石材面层的磨光、涂料作业等。照明不足不仅影响施工质量，还有可能造成安全事故。如 2003 年秋天的某个下午，浙江台州某工程，由于临时停电，一名正在外墙进行铝板幕墙施工的工人企图下楼休息，从脚手架上进入楼梯平台。由于楼道内没有照明，室内外强烈的光线反差，使他的视觉出现偏差，误将增压通风口当作楼梯，导致高空坠落死亡。同样，在某艺术中心施工现场，由于照明不足和栏杆防护缺失，一名工人在舞台工作楼梯上行走时不慎失足坠落死亡。此外，因为照明不足，类似于掉入电梯井道、掉入地下室集水坑等安全事故数不胜数。

在城市中施工，由于场地狭窄不能满足施工要求的情况越来越多。场地不足引起的材料堆放混乱、施工机械进出场困难、临时设施无法布置的矛盾也越来越突出。

材料不能进行分门别类和有序堆放，不仅不利于材料的正确使用和管理，影响工程质量。还会造成材料的乱堆乱放、道路受阻，使人员和机械通行困难。施工人员经过一天的辛勤工作，往往身体疲乏，注意力下降，在混乱的施工场地上行走，容易发生跌倒、磕碰、划伤等伤害。施工机械在这种场地上通行和作业，也容易发生刮擦、碰撞事故，并可能引发次生事故。

临边和洞口的防护缺失是施工现场的"通病"，也是造成高处坠落事故的重要"杀手"。如：防护措施没有与主体结构施工同步进行；支模架拆除后没有及时安装防护栏杆；防护措施不符合规范要求，在高层建筑外墙没有设置水平防护；防护栏杆下部没有封闭，造成石子和其他杂物在外力作用下通过栏杆下部空隙坠落伤人；因施工需要临时拆除的防护设施，施工完成后没有及时恢复等。

此外，临边和洞口防护没有考虑竖向防护和水平防护，防护措施不具备一定的强度和抗冲击力等。这种通病大量的反复出现，使得防护措施缺陷造成的高处坠落和物体打击一直排在施工企业安全事故的前列。

第三章

安全隐患辨识方法

如前所述，建筑工程安全事故的发生有着其自身的规律，是由于施工现场的安全隐患没有得到有效的控制，发展到一定的程度才引发的，有一个从量变到质变的过程。因此，掌握安全隐患的辨识方法，并进行及时的处理，从而实施有效的控制或消除，是防止安全事故发生的重要途径。

安全隐患的辨识一般有下面几种方法。

第一节　施工现场调查法

施工现场调查法是研究人员通过对施工现场的调查，对安全隐患进行辨识的方法。施工现场调查法又可细分为：

一、询问交谈法

研究人员通过与现场安全管理人员、施工作业人员等的询问交谈，了解他们对安全操作、安全管理的认知情况和劳动强度的大小，了解他们参加三级安全教育的情况和施工单位进行安全教育的频率，了解施工现场环境或施工设备等物的异常情况，从而对人的不安全行为、管理缺陷和物的不安全状态进行辨识。

二、资料查询法

研究人员通过检查施工单位的安全管理台账、施工记录、安全隐患排查和处理记录等有关资料，监理单位或上级有关单位对施工现场安全隐患的检查、整改通知，施工单位对安全隐患的整改回复和整改验收记录等对管理缺陷进行辨识。

三、观看影像资料法

研究人员通过观看有关的工程录像、照片等影像资料，对施工现场人的不安全行为、管理缺陷或物的不安全状态进行辨识。

四、现场观察法

研究人员在施工现场，通过观察，对施工机械、临边防护、支模架、脚手架等施工设施和施工人员的违章作业进行安全隐患辨识。

五、实物检测法

研究人员使用检测工具和仪器设备，或委托有资质的第三方检测机构对结构实体、机械设备和支模架、脚手架等施工设施进行检测，根据相关标准对检测数据加以分析研究，对安全隐患进行辨识。

六、视频监控法

研究人员通过远程监控、网上监控和信息自动采集等网络技术手段，排查安全隐患。

第二节 工作任务分析法

工作任务分析法是依据施工组织设计、专项施工方案、施工工艺的描述和以往完成任务的经验，对分部分项工程或施工工艺进行分析，确定该分部分项工程施工的难点和控制的要点，并针对现有施工人员的能力、掌握的知识、技能和工作态度，判定施工人员在完成工作任务时的差距所在。

工作任务分析法的步骤：

（1）设计工作任务分析记录表，将施工工序主要的各项任务、工作的频率、绩效标准、完成任务的环境、所需的技能和知识等系统地列出来；

（2）评价各项任务的重要性以及可能经历的困难；

（3）通过岗位资料分析和作业人员的现状对比，得出员工的素质差距，对人的不安全行为进行辨识。

工作任务分析法的优缺点：

（1）优点是可信度高。

（2）缺点是费时，且花费高。

第三节　危险与可操作性研究

危险与可操作性研究是一种对分部分项工程施工过程中产生的危险性评价方法。其基本过程是以施工工艺为引导，在施工过程中找出工艺过程或状态的变化，即偏差，并分析造成偏差的原因、后果及可采取的对策。

危险与可操作性研究适用于危险性较大的分部分项工程和"四新"（新技术、新工艺、新设备、新材料）成果应用的专项施工方案的编制与审查。它对专项施工方案中安全技术措施、可操作性和规范符合性等方面进行系统而严格的检查，识别可能导致安全和可操作性的设计缺陷，提出改进和预防措施。

危险与可操作性研究的优缺点：

（1）优点是省时，开拓思路。

（2）缺点是研究人员需要有丰富的经验，一般人员可能难以胜任。

第四节　事件树分析法

事件树分析法是一种按施工安全事故发展的时间顺序，由初始事件开始推论可能的后果，从而进行安全隐患辨识的方法。一起施工安全事故的发生，是多种原因和事件在时空上交叉重叠的结果，其中一些事件的发生是以另一些事件发生为先决条件的。同样，一个事件的发生，又可能引起另一些事件的发生，在事件发生的顺序上，存在着因果的逻辑关系。

事件树分析法是一种时序逻辑的事故分析方法，它假设以某一事件为起点，按照事件的发展顺序，分阶段，一步一步循序渐进地进行分析。并假设每一事件可能发生的后续事件只能取完全对立的两种状态（成功或失败，正常或故障，安全或危险等）之一的原则，逐步向结果方面发展，直到达到系统故障或事故为止。分析的情况用树枝状图表示，故叫事件树。它既可以定性地了解整个事件的动态变化过程，又可以定量计算出各阶段的概率，最终了解事故发展过程中各种状态的发生概率。

事件树分析法的优缺点：

（1）优点是既可以定性分析，又可以定量分析。

（2）缺点是当事件之间相互统计不独立时，定量分析变得非常复杂。

第五节　故障树分析法

故障树分析法是以系统工程方法研究施工安全问题的系统性、准确性和预测性，它采用逻辑的方法，形象地进行安全隐患的分析工作。它的特点是直观、明了，思路清晰，逻辑性强，可以做定性分析，也可以做定量分析，是安全隐患辨识系统工程的主要分析方法之一。

故障树图采用一种图形化的设计方法，是一种逻辑因果关系图，它根据元部件状态（基本事件）来显示系统的状态（顶事件）。

一个故障树图是从上到下逐级建树并且根据事件而联系，它用图形化"模型"路径的方法，使一个系统能导致一个可预知的，不可预知的故障事件（失效），路径的交叉处的事件和状态，用标准的逻辑符号（与、或等）表示。在故障树图中最基础的构造单元为门和事件，这些事件与门是条件。组成树的每一个事件都有一个发生的固定概率，但在建筑工程安全事故的分析中，我们发现，由于建筑工程的特殊性，每个事件发生的概率不稳定。

故障树分析法具有以下一些优点：

（1）它是一种从安全隐患到因素，再到具体状态，按"下降形"分析的方法。它从安全隐患开始，通过由逻辑符号绘制出的一个逐渐展开成树状的分枝图，来分析安全事故（又称顶端事件）发生的概率。同时也可以用来分析具体状态、因素对安全事故的影响。

（2）故障树分析法对安全事故不但可以做定性的，而且还可以做定量的分析；不仅可以分析由单一因素所引起的安全事故，而且可以分析多个因素在不同模式的情况下而引发的安全事故情况。因为故障树分析法使用的是一个逻辑图，因此，调查研究人员或是辨识人员都容易掌握和运用。

显然，故障树分析法也存在一些缺点：

（1）构造故障树的工作量相当繁重，难度也较大，对分析人员的要求也较高。

（2）构造故障树时要运用逻辑运算，当一般分析人员未充分掌握的情况下，容易发生错误和失察。例如，很有可能把重大影响系统故障的事件漏掉。

第六节　检查表法

检查表法是运用安全系统工程的方法，以施工工序为基础，将施工现场主要工序作业人员的活动、施工管理和物的各种常见的不安全因素，事先编制成表格。并按照表格内容监督各项安全生产制度的实施，对整个施工活动进行安全检查，及时发现安全生产隐患并进行治理，制止违章作业的一个有力工具。也是施工现场目前常用的预测和预防事故的重要手段。

一、检查表法的优点

（1）通过对建筑施工安全生产事故的原因进行分析、统计，找出导致事故的各种要素，并进行整理和归纳。以系统化、科学化的方法将这些要素事先有组织地编制成检查表。编制时要注意防止漏掉造成安全隐患的关键因素，为安全隐患的查找和识别做好准备。

（2）安全生产管理人员根据现有的施工标准检查施工现场的执行情况，容易对存在的安全隐患进行正确地识别和评价。

（3）通过编制检查表，可以将安全生产管理的实践经验上升到理论知识，从感性认识上升到理性认识，并用理论知识去指导安全生产管理实践，不断提升施工现场安全管理的水平。

（4）检查表按照引发安全事故的三大因素的各个因子进行排列，通俗易懂，简单易行。能使普通的作业人员清楚地知道施工现场哪些现象是造成安全事故的原因，促进作业人员采取正确的方法进行操作，起到安全教育的作用。

（5）检查表可以与安全生产责任制相结合，按不同的检查对象使用不同的安全检查表，易于分清责任，并对安全生产管理提出改进措施和进行验证。

（6）检查表是定性分析的结果，是建立在原有的安全检查基础和安全系统工程之上的，简单易学，容易掌握，符合施工现场安全生产的实际情况，为安全隐患的查找、识别、判定防治和决策提供基础。

　　由于检查表法的优点，并且特别适用施工现场安全隐患的排查，我们将在本书中进行详细的介绍。但是检查表法也存在着缺点。

二、检查表的缺点

　　（1）只能做定性的、趋势性评价，要量化十分困难。
　　（2）只能对施工现场已经存在的现象评价。
　　（3）编制人员需要有丰富的安全管理知识和实践经验，且检查表的编制难度和工作量大。
　　（4）检查前，要有事先编制的各类检查表和评价标准。

三、编制安全检查表应收集研究的主要资料

　　（1）有关的法律法规、施工规范、标准及部门规章。
　　（2）施工企业的安全管理制度和经验。
　　（3）施工安全事故案例及原因分析。
　　（4）建筑工程安全事故易发的部位和工序及其防范措施。
　　（5）大型施工机械的有关技术资料等。

四、编制安全检查表应注意的问题

　　（1）项目内容应明确、并突出重点、繁简适当。
　　（2）项目内容应针对不同的分部分项工程和设备设施，对不同的检查对象有不同的侧重点，尽量避免重复。但为了表的独立使用和方便，我们在本书附录检查表的编制中，将其中的一部分（主要是人的不安全行为和管理缺陷）的内容编入了每一张检查表中。
　　（3）项目内容应定义明确、可操作性强。
　　（4）项目内容应具体完整、不能遗漏可能导致安全事故的一切要素。

五、编制检查表时评价对象的选择

　　检查表的评价单元是按照评价对象的特征进行选择的。在建筑工程施工现

场，检查表评价单元一般可以按施工工序确定，如预应力张拉、拆除和爆破等；也可以按分项工程确定，如模板工程及支撑体系等；还可以按子分部、大型的机械设备等特殊对象来确定，如基坑工程、高空作业、施工用电等。

总之，检查表的评价单元确定以对象明确，简单直观，便于操作为原则，以迅速查找和判定安全隐患为目的。评价单元可以根据不同地区、不同工程的特征、当地的施工管理水平和周边环境确定。但评价单元不宜划分的太大，否则，可能在安全隐患的判定和治理中不容易抓住主要矛盾。

六、检查表的类型

常见的检查表有否决型检查表、半定量检查表和定性检查表三种类型。

（1）否决型检查表。否决型检查表是将一些特别重要的检查项目作为否决项，只要这些检查项目中的某一项不符合，该检查对象的总体安全状况判定为不合格，这种检查表的特点就是重点突出。

但是，施工现场不像工厂有固定的生产环境和机械化生产。施工现场的安全生产条件是一个不断变化的动态过程，作业人员的位置或环境也在不断地移动和变化。而且，施工现场安全生产的特殊性在于任何一个细小的失误，都有可能造成人员伤亡或财产损失。因此，施工现场否决项的设置相对困难。

（2）半定量检查表。半定量检查表是给每个检查项目设定分值，检查结果以总分表示，根据分值划分评价等级。这种检查表的特点是可以对检查对象进行比较。但对检查项目准确赋值比较困难。

（3）定性检查表。定性检查表的检查项目是将法律法规和技术标准中有关安全生产的具体条款进行罗列并逐项检查，检查结果以"是"或"否"表示，只能定性而不能量化，但需作出与标准或规范是否一致的结论。这种检查表的特点是编制相对简单，检查目标明确，通用性强。通常作为施工现场安全隐患的查找和评价。

在施工现场，我们分别采用了上面介绍的各种方法进行安全隐患的排查，并进行了比较。由于检查表法容易掌握，操作方便，且查找对象明确，判定迅速等优点，在施工现场进行安全隐患排查宜采用检查表法。因此，本书针对建筑工程中危险性较大的分部分项工程和安全事故多发的工艺（工种）编制了部分施工安全隐患排查表。

在施工实践中，研究人员按照施工安全隐患排查表的内容，对各施工工序或分部分项工程，按照在同一时间和空间里同时存在的人的不安全行为、管理缺陷和物的不安全状态进行检查，辨识安全隐患，取得了较好的预期效果。

第四章

建筑工程隐患查找流程

建筑工程安全隐患的查找是一个有组织的行为，这种有组织的行为通常有三个主要的层次。首先是施工单位通过建立施工项目安全隐患防治的组织机构，组织安全生产管理人员、工程技术人员和其他相关人员对本单位施工项目的安全隐患进行查找。其次是监理单位建立安全隐患防治管理的组织机构，组织监理人员通过定期检查、巡视检查或专项检查，对施工项目的安全隐患进行查找。最后是行业管理和政府监督，即建设行政主管部门和工程质量安全监督部门通过对责任主体的行为检查和施工现场的实体检查，对建筑工程安全隐患进行查找。

建筑工程安全隐患查找的三个层次既相互关联，又有区别，区别主要在安全隐患查找的侧重点不同。施工单位是安全隐患查找的主体，侧重点是对施工现场人的不安全行为、物的不安全状态和管理缺陷的查找。监理单位的查找是辅助，重点是对施工单位的安全隐患查找行为的管理和督促。而行业管理和政府监督主要是针对施工单位和监理单位的主体行为、制度建设及责任落实情况进行监督。

以建筑工程安全隐患防治的组织体系为基础，强化施工单位的安全隐患防治的制度建设和岗位责任的落实，通过监理单位对施工单位的管理和督促加上政府部门的监督，构成了建筑工程安全隐患防治的管理体系。

第一节　建筑工程安全隐患防治的组织体系

建筑工程施工安全隐患防治管理应坚持"以人为本"和长效管理。工程开工前，建设单位应组织建立以施工总承包单位为核心，建设、勘察、设计和监理等责任主体参加的建设项目安全隐患防治管理体系。在隐患治理过程中，根据需要，建设单位应要求检测单位参加安全隐患防治管理体系。

各责任主体应在建设项目设置安全隐患防治管理组织机构，制定工作制度，明确岗位职责。

根据建筑工程责任主体安全职责的不同，施工单位和监理单位的安全隐患防治管理组织机构与建设单位、勘察单位和设计单位有所不同。施工单位和监理单位应分别在单位层面和施工项目上设置安全隐患防治管理的组织机构，而建设单位、勘察单位和设计单位一般只需要在施工项目建立安全隐患防治管理的组织机构。同样，它们的组织机构相对于施工单位和监理单位也要简单一些。

一、施工单位安全隐患防治组织

施工单位安全隐患防治管理组织由施工单位主要负责人和工程质量、安全、技术等部门的人员组成。

施工单位的主要负责人包括企业法定代表人、总经理、主管生产和安全工作的副总经理、总工程师和副总工程师。

二、施工项目安全隐患防治机构

施工总承包单位应根据项目的规模、结构、复杂程度、专业特点、人员素质和地域范围，建立由施工项目负责人负责的安全隐患防治管理组织。

施工项目安全隐患防治管理组织由建筑工程总承包单位的项目负责人、施工员、专职安全员组成，分包单位也应建立安全隐患防治管理管理组织，并纳入总承包单位施工项目安全隐患防治管理的组织机构中。

施工项目负责人包括项目经理、分管生产的项目副经理和技术负责人。

施工单位应根据施工项目在基础、主体、装饰装修等不同的施工阶段以及不同的分部分项工程的特点，对安全隐患防治管理组织的人员进行调整和充实，以满足安全生产和隐患防治的要求。

安全隐患防治管理组织的人员必须具备相应的岗位资格，项目技术负责人一般应具有工程师及以上职称，总、分包单位的项目负责人、专职安全员应经建设行政主管部门或者其他有关部门安全生产考核合格，并取得安全生产考核合格证书。

三、监理项目安全隐患防治管理机构

监理项目安全隐患防治管理机构由总监理工程师、专业监理工程师和监理员组成。

监理项目安全隐患防治管理机构由总监理工程师全面负责，专业监理工程师和监理员对各自专业的安全隐患防治管理工作负责。

四、建设单位及其他单位的安全隐患防治管理机构

虽然建设单位是建筑工程安全隐患防治的主要责任人，但它的主要责任由于委托了监理单位而发生了转移。在建筑工程安全隐患的排查和治理过程中，建设单位实际上不处在主要的地位。而勘察单位和设计单位，一般情况下并不参与安全隐患的查找，仅在安全隐患的治理过程中提供咨询意见。因此，建设单位和勘察、设计单位可以根据工程的实际情况，自行确定相应的管理人员参与施工总承包单位组织的安全隐患防治体系的活动，没有必要成立专门的组织机构。

第二节　建筑工程安全隐患查找的范围

由于施工过程是一个动态的过程，过去发现的安全隐患整改完成或尚未完成，新的安全隐患又会不断发生。因此，施工单位和监理单位应持续不断地对施工现场的安全状况进行检查。重点对下列范围进行施工安全隐患查找：

（1）高处作业；

（2）施工用电；

（3）起重吊装及安装拆卸；

（4）施工机具；

（5）模板工程及支撑体系；

（6）脚手架；

（7）基坑工程；

（8）建筑幕墙；

（9）预应力结构张拉；

（10）钢结构和网架结构；

（11）拆除、爆破；

（12）采用新技术、新工艺、新材料、新设备及尚无技术标准的分项工程；

（13）其他危险性大，易发生安全事故的分部分项工程。

第三节　信息收集

为了准确、及时地查找和识别安全隐患，信息的收集十分重要。由于建筑工程施工安全涉及的信息范围广泛、信息量大，要想收集到完整的施工安全信息，必须建立先进的信息系统。

一、人员保障

信息系统需要有人来管理，信息数据的采集同样需要人来实施，因此，要让一个信息系统正常运行，首先需要解决人的配置问题，实现"有人管"。

从目前的建筑施工项目实际情况来看，除了一些特大型或有特殊要求的项目，要配备专职的信息收集人员比较困难。

从节省成本考虑，信息采集人员可以采取兼职的办法，让专职安全员、项目管理人员或者施工人员担任施工项目的信息采集人员。监理单位的信息采集人员可以让专业监理工程师或监理员担任。信息采集人员保障的关键是制度保证，用制度来调动兼职人员的积极性，激发他们的责任感，并规定他们的工作程序和要求。

二、基础数据的采集

施工项目基础数据的采集大致分为下列几类：

（1）施工企业的名称和资质；

（2）施工项目经理姓名和执业资格；

（3）施工项目技术负责人的姓名、学历、职称和业绩；

（4）主要施工管理人员的执业资格、技术职称；

（5）监理单位的名称和资质；

（6）总监理工程师姓名、学历、职称和业绩；

（7）主要监理人员的姓名、学历、职称、执业资格和业绩；

施工单位派驻施工项目的管理团队是关系到施工项目安全生产的决定性因素。在这个决定性因素中，项目经理和技术负责人的作用至关重要，是整个管理团队的核心。项目经理的安全意识、责任心直接关系到安全生产费用的投入，而技术负责人则对施工工艺、工程质量和安全技术措施拥有决定权。他们二人对安全生产的规范化、程序化、制度化和科学性有决定性影响。当然，其他施工管理人员的作用也不可忽视，作为执行层，他们的整体素质和安全意识决定了施工现场安全生产标准化管理的程度。

从大量安全事故的分析和统计来看，项目管理团队的安全意识、责任心和整体素质，采取的保证工程质量和安全的技术措施是否科学、可靠、有针对性，施工现场的管理是否有序，各项制度的落实与实施和项目经理、技术负责人及主要施工管理人员的学历、职称、执业资格和以往经验正相关。因此，要十分重视这方面的信息收集。

同样，为施工项目提供咨询服务，并作为施工安全生产管理的责任主体之一的监理单位，总监理工程师和主要专业监理工程师的整体素质也是十分重要的。因为，扎实的基础理论知识能帮助监理工程师准确地判断施工方案中的安全技术措施是否符合强制性条文的要求；丰富的实践经验能帮助监理工程师对施工工艺的安全性作出正确的评价；而高超的执业水平能帮助监理工程师从容面对遇到的各种安全隐患，并迅速抓住当前安全生产的主要矛盾，提出解决问题的意见或建议。因此，监理人员的学历、执业资格和业绩等信息的收集同样十分重要。

（8）工程规模（建筑面积、结构形式和建筑高度）；

当一个工程的建筑面积越大，结构越复杂，建筑高度越高，施工现场安全管理的难度就越大，安全管理的要求越高。同样，这样的工程，对工人的素质要求就高，需要使用的机械设备种类更多，施工工艺相对复杂。因此，发生安全事故的风险就会增加。

（9）地质条件和周边环境；

在基坑施工作业中，不同的地质条件对基坑施工安全的影响是不同的。在深基坑施工过程中，假设开挖深度一定，但由于各种土的物理和力学性能不一样，如淤泥质土和粉质黏土，对基坑的安全影响肯定不同。因此，需要采取的安全技术措施也不一样。

当工程周边存在建（构）筑物或城市地下管线时，施工过程中采取的安全技术措施就必须保证建（构）筑物和城市地下管线的安全和正常使用。否则，周边建（构）筑物的沉降不仅会引起纠纷，还可能影响它们的正常使用，严重的甚至影响结构安全。

由于野蛮施工导致城市地下管线的破坏，造成断电、停水或排污困难的各种报道屡见不鲜。反之，城市地下管线的破坏又会严重影响基坑施工安全，甚至危及国家安全。如2009年，杭州钱江新城某工程因基坑施工导致自来水管道断裂，造成长达100多米的市政道路塌陷60多厘米，30余米城市地下通道倾斜报废。又如2002年，浙江台州某工程施工过程中挖断军用电缆，导致军事通信中断，项目经理险些被送上军事法庭。

（10）危险性较大的分部分项工程的特点；

一般的建筑工程都具有多项危险性较大的分部分项工程。但不同的建筑工程，因结构不同或采用的材料、工艺不同或周边环境不同等，其危险性较大的分部分项工程的特点有其特殊性。如起重吊装，采用钢筋混凝土结构的工程与采用钢结构的工程，其选用的起重设备的型号、规格和吊装工艺都有一定的差异。再如模板和支撑体系，即使搭设的高度与跨度相同，如果一栋建筑采用钢筋混凝土结构，另一栋采用劲性混凝土结构，其模板的施工工艺和搭设要求也有区别。类似的例子很多，要收集本工程各个危险性较大的分部分项工程的特点，并注意与其他工程的不同点与特殊性，制定有针对性的工程安全生产控制或预防措施。

（11）需要使用"四新"技术的情况；

建筑工程施工经常采用新材料、新设备、新工艺和新技术，通常称为"四新"技术。由于"新"，国家或行业尚未制定相应的"四新"技术标准，有的仅以企业标准作为施工依据。因此，可能有一部分不成熟的技术、材料或工艺以"四新"技术的名义被应用的建筑工程中。同样，与"四新"技术相类似的有施工单位首次采用的施工工艺，由于施工单位没有施工经验，不能很好掌握关键点的控制，从而对安全生产带来不利的影响。

为防止上述情况的发生，要对施工现场采用的"四新"技术的信息加以收集。

（12）潜在的安全隐患清单；

信息收集人员要注意收集与工程类似的工程安全事故的信息，并根据本工程的特点加以分析，编制潜在的安全隐患清单，提交给有关部门和相关单位，为安全隐患的预防提供重要的决策依据。

（13）劳务分包单位的整体素质与以往业绩；

由于我国城镇化进程的快速发展以及建筑行业的低门槛，导致劳务分包队伍的整体素质偏低。大量的安全事故表明，一些低年资、文化水平低、施工经验少的劳务工人是安全事故的主要受害者。因此，有目的地收集劳务分包单位的整体素质与以往业绩，并进行分析，从中寻找安全生产的薄弱环节。

（14）特种作业人员持证上岗情况；

住房和城乡建设部在《建筑施工特种作业管理规定》中将特种作业分为六

大类。各地建设行政主管部门根据当地建筑业的发展和建筑技术的应用情况，在此基础上进行了细分或补充。如浙江省建设厅将建筑架子工细分为普通脚手架架子工和附着式升降脚手架架子工；将建筑起重机械司机和安装拆卸工分设为塔式起重机、施工升降机和物料提升机的司机和安装拆卸工；并增设了建筑焊工。

住房和城乡建设部之所以将这些岗位划分为特种作业，主要是从事这些作业的人员如果无证上岗或违章作业的危害性很大。在特种作业施工过程中，一旦发生事故，极有可能造成群死群伤或重大经济损失。

因此，在施工安全管理的信息收集中，一定要注意特种作业人员持证上岗信息的收集。但从遏制安全事故的发生，保障施工人员的人身安全出发，有些岗位虽然不属于特种作业，也应该注意这些岗位作业人员的信息收集。如钢结构安装人员、施工吊篮操作人员等伤亡事故多发的作业岗位。

（15）主要的施工机械；

不同类型的建筑工程需要使用的主要施工机械是有区别的，如隧道工程需要使用盾构机，而房屋建筑工程需要使用塔式起重机和施工升降机等。

即使同为建筑工程，也需要根据该工程本身的结构形式和施工工艺选择施工机械。因为，选择的施工机械的型号、性能参数和使用要求不仅要满足施工质量和工艺的要求，也要考虑满足安全生产条件的要求。如重级行走式起重机械对地面（基）的承载能力和使用环境要求相当高。在选择时，就应当充分考虑该机械吊装时的地基是否需要经过处理以满足承载力的要求，以及进出场时道路交通的影响和周边建（构）筑物对吊装的影响。

主要施工机械的信息包括机械型号、性能参数、使用年限、使用要求、安装单位的资质与人员资格、维修保养记录、验收备案记录等。

（16）施工周期和工程所在地气候条件；

施工周期的长短以及气候条件的变化对施工安全的影响很大。

一般情况下，施工周期短的工程，项目管理人员在资源的配置上容易满足要求，施工进度安排可以更合理紧凑，施工作业能一鼓作气，管理层和劳务队伍更容易达成一致，安全管理相对容易。反之，施工周期长，施工进度拖沓，资源浪费，往往导致管理疲劳和施工人员劳动纪律的松散；一些安全设施和施工机械也会因施工周期长而缺乏必要的维修保养。

施工周期越长，经历的气候条件的变化就越多。对于一个分项工程或施工工艺，不同的气候条件对它的安全生产的影响不一样，有时候，这种影响可能是灾难性的。如深基坑施工，对于我国江南水乡普遍存在的淤泥质土，在雨季施工的安全风险远远高于旱季。又如同是高处坠落，除了安全设施存在漏洞或施工人员违章作业这个共性外，在夏季往往因为气候炎热造成作业人员体力下降、中暑、注意力不集中等原因，而在冬季则可能是脚手架等作业场地湿滑结冰造成的。

（17）安全生产管理制度和台账；

施工项目的安全生产管理制度是否健全，安全生产管理台账是否清晰齐全，是施工现场安全管理工作的风向标。

施工项目安全生产管理制度主要的有：

安全生产责任制度；

安全生产检查制度；

施工企业与项目负责人带班制度；

安全隐患排查制度；

安全隐患排查治理的群众监督制度；

安全隐患分级和报告制度；

重大安全隐患风险评估制度；

安全隐患公示制度；

重大安全隐患治理方案编制和审批制度；

安全隐患治理方案（措施）安全技术交底制度；

重大安全隐患领导督办处置制度；

安全隐患治理检查验收制度；

应急救援和演练制度；

安全事故调查和报告制度；

安全隐患档案制度等。

施工项目安全生产管理台账主要有：

工程概况；

施工项目安全生产组织机构和目标；

施工项目安全生产管理制度；

施工项目管理人员安全生产岗位责任制；

安全生产和文明施工措施费用支出清单；

与本工程施工作业相关的国家规范、规程和地方标准；

安全教育培训记录；

安全技术措施和交底记录；

安全活动记录；

安全检查与隐患整改记录；

安全验收记录；

施工现场临时用电记录；

安全防护用品记录；

危险源和环境因素的识别、评价和控制记录；

应急救援和事故调查处理记录；

文明施工与环境卫生管理记录；

施工现场消防安全管理记录等。

（18）三级教育和安全技术交底实施情况；

（19）安全检查的频率；

（20）发现的安全隐患和整改情况；

有关三级教育和安全技术交底实施情况、安全检查的频率和发现的安全隐患和整改情况这三项信息主要反映了安全管理制度在项目施工过程中落实的情况。这些信息能帮助施工单位安全管理部门了解项目安全管理的现状，加强对施工项目安全生产的指导与检查督促。

（21）安全隐患的类别和出现的频次；

本工程发现的安全隐患的类型以及不同类型隐患出现的频次统计，可以提示项目在安全施工过程中是否存在系统性风险，从而帮助项目管理层根据存在的问题，提出针对性管理措施。

（22）类似工程施工安全事故的案例。

类似工程发生的施工安全事故可以为项目管理层和施工作业人员及早敲响警钟，在项目开工前及施工过程中及时制定安全生产预控措施，起到防患未然，事半功倍的作用。

第四节　信息分析

信息分析是根据安全隐患防治的需要，在对大量的施工安全生产相关信息收集的基础上，进行深层次的思维加工和分析研究，形成有助于消除或控制安全隐患新信息的劳动过程。它是施工项目安全生产管理研究流程中的一个重要环节。

施工项目安全生产信息分析常用的有下列几种：

一、跟踪型信息分析

跟踪型信息分析是基础性工作，常规的方法是对建筑工程的每一道工序的施工活动信息进行收集和加工，以建立施工工序安全生产标准化、施工工序常见安全隐患类型、安全隐患防治措施等数据库作为基本工具，加上定性分析进行安全隐患的查找和识别。跟踪型信息分析可以掌握施工项目各个施工工序安全生产的情况，及时了解施工安全生产的新动向与安全隐患的发生或发展，从而做到及时发现安全隐患、及时提出防治措施。

二、预测型信息分析

预测型信息分析就是利用已经掌握的安全生产的标准、技术措施、预防手段和施工安全生产情况，预先推知和判断施工安全生产的未来或未知状况。预测的要素包括：
（1）安全生产管理者；
（2）安全生产标准、措施和施工现状；
（3）查找和识别；
（4）安全隐患的判定和发展；
（5）预先推知和判断——预测结果。

三、评价型信息分析

评价型信息分析一般需要经过以下几个步骤：
（1）安全隐患查找和判定条件的确定；
（2）安全隐患评价对象的分析；
（3）评价项目的选定；
（4）评价函数的确定；
（5）评价值的计算；
（6）综合评价。
评价的方法有多种多样，如指数评价法、检查表评价法等。评价是安全隐患识别和判定的前提，提出安全隐患防治措施是评价的继续。

在上述几种信息分析方法中一般都要运用定性分析或定量分析。定性分析主要是依靠人的逻辑思维分析问题，采用比较、推理、分析与综合判定等；定量分析主要是依据数学形式来进行分析判定，常采用频率统计、时间序列法和事件排列等方法。

通常，由于信息分析的复杂性，很多安全隐患的识别和判定既涉及定性分析，也涉及定量分析。因此，在安全隐患的查找和识别中，越来越普遍的使用定性分析和定量分析相结合的方法。

第五节　安全隐患的识别

安全隐患的存在诱发了大量的生产安全事故，给人民生命财产造成了重大损失。因此，安全生产管理的重点必须由事后处理转移到事前预防、日常排查和消除、控制安全隐患上来。而能否消除或控制安全隐患与安全隐患的识别能力有很大关系。

如前所述，安全隐患主要是指可导致事故发生的人的不安全行为、物的不安全状态或者管理上的缺陷。它的主要特点是潜在性、隐蔽性、不确定性和假象性，因而容易被人们忽视。这就需要我们从组织上和制度层面进行设计，保证建设工程项目系统内部的安全生产管理体系的正常运行和外部监管力量的干预，充分运用工程管理人员的专业知识，对安全隐患进行认真识别。安全隐患的识别通常有以下几个途径：

一、施工单位的识别

施工单位依据法律法规、标准和安全生产操作规程，对安全隐患进行识别。施工单位的识别是安全隐患识别的最主要的力量，也是施工单位安全生产的基本职责和义务。由于施工单位是工程建设具体的实施者，他们清楚地知道工程建设过程中哪些部位和施工工艺容易发生安全隐患以及这些安全隐患的危害或风险程度。

因此，建设一支责任心强、专业素质高、隐患识别能力强的专业化安全管理队伍，是安全隐患识别的基础。也是施工单位健全安全生产管理机制，消除安全隐患、减少事故发生的基本保障。

二、监理机构的识别

在建设工程安全隐患识别中，项目监理机构起着重要的作用。一方面，在施工过程中，监理机构需要审查专项施工方案，对施工现场的安全生产条件进行监管，依法履行安全生产管理责任。另一方面，施工现场的安全生产管理是一个复杂的系统工程，必须依靠多方面的力量才能得以保证。作为独立的第三方，对施工现场的安全生产条件进行评估，是监理机构的责任和义务。

同时，对于安全隐患的识别，离不开专家的技术和知识支撑。作为提供高智服务的咨询单位，许多监理机构在施工现场安全管理的实践中，探索出了一整套行之有效的安全隐患识别和防治的监管模式，并取得了明显的成效。

因此，充分调动监理机构的主观能动性，发挥监理工程师的专家作用，是安全隐患识别的有效途径。

三、建设行政主管部门的识别

建筑工程安全生产隐患的识别离不开建设行政主管部门的监管。虽然建设行政主管部门不像施工单位、监理单位那样将安全生产隐患的识别作为日常工作的主要部分。其主要职能是对建筑工程责任主体的安全管理行为实施监督，并对施工现场的安全生产条件进行定期、不定期的检查监督。但是，由于他们的特殊身份，能对建筑工程各责任主体的安全管理行为起到指导、约束和震慑作用，并利用其掌握的执法权可以强制规范各责任主体的安全管理行为。因此，在很大的程度上保证了施工现场安全管理体系的正常运行。另一方面，建设行政主管部门能调动各方面的资源，建立有效的安全生产检查监控网络，并对潜在的、隐性的安全隐患作出迅速、有效的识别。同时，建设行政主管部门中的许多工作人员，本身就具有丰富的工程建设知识，具备较强的安全隐患识别能力，在工程施工现场监督检查中，能够对安全隐患进行准确的识别。

此外，依靠舆论监督，包括群众举报和媒体监督；建立相应的激励制度，畅通安全隐患举报渠道，鼓励举报有功人员，广泛调动人民群众识别安全隐患的积极性和能动性，也是安全隐患识别的有效途径。

第五章

建筑工程重大隐患判定

　　建筑工程安全事故的发生是由于安全隐患没有被发现，或发现以后没有得到有效的控制或消除，存在的安全隐患经过不断发展，最终形成安全事故。安全事故的发生与安全隐患的存在有不可分割的因果关系。因此，我们将构成安全隐患的要素用函数表示：

　　即　　　$R = f(R、W、G)$

　　式中：R——人的不安全行为；

　　　　　W——物的不安全状态；

　　　　　G——管理缺陷。

　　但是，安全隐患的存在并不代表安全事故一定会发生。在目前阶段，由于受到建设资金、人员素质及社会环境等多重因素的影响，要在施工现场彻底消除所有的安全隐患也是不现实的。因此，对发现的安全隐患进行判定，对安全隐患可能引发安全事故的概率和后果进行风险评估，达到利用有限的人力和物力资源去控制或消除施工现场安全隐患的目的，并提供有效的途径，是我们需要重点研究的方向。

第一节　建筑工程重大隐患判定的基本方法

　　根据危害程度，我们将安全隐患分为重大安全隐患和一般安全隐患。重大安全隐患是指"危害和整改难度较大，应当全部或者局部停工停业，并经过一定时间整改治理方能排除的隐患，或者不整改可能导致群死群伤或造成重大经济损失的隐患"。

　　一般安全隐患是指"危害和整改难度较小，发现后能够立即整改排除的隐患"。

　　如果重大安全隐患不能及时得到控制或消除，任其发展，造成的事故后果十分严重，甚至影响社会的安定。因此，对施工现场存在的安全隐患进行判定，区分重大安全隐患与一般安全隐患，并对安全隐患进行及时的、有针对性的治理和控制是安全生产管理的首要任务。

　　安全隐患的判定一般根据风险理论，对安全隐患的易发性、可控性、后果的严重性进行评价。将安全隐患的严重程度用函数表示：

　　即　　　$X = f(P、K、H)$

式中：P——安全隐患发生的概率；

K——安全隐患控制或消除的可能性；

H——安全隐患后果的严重性。

安全隐患发生的概率 P 指的是这种隐患在施工现场是经常发生的，如作业人员不按规定佩戴安全帽或安全带、临边和洞口的防护缺失等；还是偶然发生的，如起重机械的安全装置失效、作业人员的误操作等；或是不易发生的，如在正常使用条件下塔吊的塔身和起重臂断裂等。

安全隐患控制或消除的可能性 K 指的是施工现场对这种隐患整改或消除的难易程度。我们假设将整改或消除的时间在 7d 以上或花费资金 5 万元以上，或需要全面停产整改的安全隐患设定为不易控制的安全隐患；将整改或消除的时间在 3d 以上 7d 以下或花费资金 1～5 万元以内，或需要局部停产整改的安全隐患设定为可以控制的安全隐患；将整改或消除的时间在 3 天以下或花费资金 1 万元以下，或不需要停产整改的安全隐患设定为容易控制的安全隐患。

安全隐患后果的严重性 H 指的是施工现场存在的安全隐患发展成事故后，造成人员伤亡或财产损失的程度。我们将事故后果会引起人员死亡或直接经济损失在 1000 万元以上的安全隐患定性为重大安全隐患：将事故后果不会引起人员死亡或直接经济损失在 1000 万元以下的安全隐患定性为一般安全隐患。

设定了安全隐患的严重程度函数 X 的边界条件，对发现的安全隐患，可以根据其发生的概率、控制或消除的可能性、发生事故后的危害性进行判定。从而对经常发生的、后果严重及难以整改的安全隐患采取针对性措施，达到确保安全、经济合理、技术可靠的治理目标。

第二节 建筑工程重大隐患判定的流程

为保证建设工程施工现场安全，迅速、可靠的进行安全隐患识别，尽可能将施工现场存在的安全隐患一网打尽，并对隐患的性质和危害性作出准确的判定，需要规范安全隐患判定的程序。

建筑工程开工前，施工单位项目部应根据工程的周边环境、结构特点、施工工艺和使用的机械设备，建立相应的安全隐患排查制度，确定安全隐患识别和判定的范围、重点部位或工序以及识别和判定的频率，并确定相应的责任人，定期进行安全隐患识别。

项目监理机构应根据建筑工程不同施工阶段的特征，制定切实可行的安全隐患监控措施，并分工明确，责任到人。施工过程中，项目监理机构应及时督促和检查施工项目部按制度落实安全隐患的识别和判定工作。与此同时，项目监理机构也应对施工现场的安全隐患进行独立的识别和判定，以防止和减少不能及时发现安全隐患的风险。当然，根据监理机构的工作安排，监理工程师可参加施工项目负责人组织的安全隐患排查，也可单独实施安全隐患的排查。

监理人员应按监理实施细则的要求和专业分工，对其负责的专业或施工范围进行巡视检查，发现施工项目存在的安全隐患，应及时提出整改意见。

对超过一定规模的危险性较大的分部分项工程施工，如深基坑土方开挖、高大支模架的搭设、幕墙施工等，施工单位和监理单位应加大安全隐患排查和判定的频次，尽可能将安全隐患消灭在萌芽状态。

施工项目部和监理机构的安全隐患识别和判定应有书面记录，对发现的安全隐患应及时签发整改通知，责令相关部门和责任人按要求整改。对重大安全隐患，施工项目部尚应按规定程序，向有关单位或部门报告。

建筑工程安全隐患的识别和判定应实行施工项目负责人和总监理工程师负责制度。

基于不容乐观的建筑行业安全生产形势，住房和城乡建设部在施工项目负责人负责进行安全隐患排查的基础上，进一步提出了施工企业负责人安全隐患排查带班制度，对施工企业的安全生产提出了更高的要求。

施工单位负责人对施工项目部的安全隐患的识别和判定每月不少于一次，施工项目负责人应每周组织安全隐患的识别和判定。

实践证明，企业负责人带班进行安全隐患排查以来，施工现场的安全生产形势有了较大的改观，安全生产和文明施工有了较大的提高。主要原因有：首先，企业负责人从企业的品牌效应和发展利益出发，相比于项目负责人，对安全生产的形势认识更清楚，在安全生产管理上有更强的责任感和使命感。其次，大部分的企业负责人多从基层工作做起，一步一步走向领导岗位，在工作中积累了丰富的工程建设实践和理论知识，对施工现场容易产生安全隐患的工序和生产条件了如指掌。因此，对安全隐患的识别和判定能力相对较强。第三，企业负责人能调动大量的社会和物质资源，对一些整改难度大、技术要求高、资金花费多的安全隐患进行有效的控制或消除。第四，目前我国的建设工程，基本实行施工项目独立核算，对于一些需要投入大量资金的安全隐患整改，不少施工项目部有意无意地拖延。企业负责人能跳出施工项目部的利益圈，对安全隐患的整改实施有力的监督。

但是，随着我国建筑业的迅速发展，出现了大量的施工企业集团。对于这些大型、特大型的施工企业，特别对总部不在当地的企业，要求企业层面一级的负责人带班对每一个施工项目的安全隐患排查，显然是不现实的。因此，我们建议对于设立分公司或办事处的企业集团，集团负责人带班排查可书面委托分公司或办事处的负责人进行，以保证安全隐患排查带班制度落在实处。

作为施工现场安全隐患识别和判定的重要组成部分，项目的专职安全员应每天对施工作业场所和环境进行检查，及时进行安全隐患的识别和判定，及时纠正违章作业和冒险作业。

下面,我们提出了施工项目部安全隐患识别和判定的程序,供大家参考使用,如图 5-1 所示。

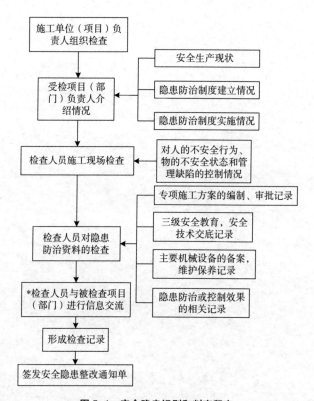

图 5-1 安全隐患识别和判定程序

框图内带 * 为外部组织进行的安全隐患排查时的程序，施工项目部自行组织安全隐患排查时可省略。

第六章

建筑工程重大隐患预防

"安全第一，预防为主，综合治理"，是建设工程施工安全的指导方针。我们认为在突出安全第一的前提下，应将"预防为主"放在安全生产工作的主导地位。

根据研究，任何安全事故的发生都有偶然的一面，也有其必然的一面。这就为我们寻找安全事故发生的规律，从而预防安全事故的发生成为可能。

第一节　建筑工程重大隐患预防的目的与作用

一、建筑工程重大隐患预防的目的

施工安全事故的发生一般要经历安全隐患的发生和存在、发展阶段。由于施工现场存在的安全隐患没有得到有效的控制或消除，隐患发展到一定的程度，从一般隐患逐渐转化成重大隐患，最后发生事故，有一个从量变到质变的过程。如基坑坍塌前，必定有周边地面开裂或沉降、地下水位变化异常、土体位移过大或位移速率加快、基坑周边荷载超过设计标准等一种或多种现象的存在。塔吊在使用过程中倒塌前，肯定存在着安全装置失效，或未按规定进行维修保养，或没有对塔吊的垂直度进行监测、偏差过大，或违章吊装等一种或几种现象。由于这些现象没有被及时发现，或发现后没有引起项目管理者的重视，或没有采取有效降低风险的措施，才会造成安全生产事故的发生。

掌握了安全生产事故发生的规律和原因，防止或减少安全事故的发生就成为可能。那么，如何有效的防止或减少安全事故的发生？一个最有效的途径就是在施工项目上建立严密的安全管理体系，全面落实各项安全管理制度，提高施工人员的安全意识，自觉遵守安全操作规程，从而减少或防止重大安全隐患的发生，是建筑工程重大安全隐患预防的目的

二、建筑工程重大隐患预防的作用

安全生产管理是一个系统工程，在这个系统工程中，要坚定不移地坚持"预防为主"的原则。在工程开始施工前，建立严密有效的安全管理组织，落实安

全生产管理责任制度，并根据工程施工各个不同阶段的特点，将每一个阶段可能产生的安全隐患的预防和治理措施制定好。应"始治于未现，防患于未然"，起到事半功倍的作用。当前在我们国家各条战线上兴起的安全隐患排查整改工作的意义就在于此。

实践证明，对建筑工程隐患进行预防，特别是对重大安全隐患的预防，对我国建筑工程安全生产管理产生的作用十分重要。首先，迅速地扭转了安全生产的严峻形势，安全生产事故的发生率有了明显的下降。其次，大部分施工企业逐渐培养、建立起一支责任心强、专业素质较高的安全生产管理队伍，在安全隐患的预防和治理过程中发挥了重要的作用。最后，施工人员的安全意识、危险认知和防范能力稳步提高，佩戴和使用劳动保护用品、遵守劳动纪律和操作规程的自觉性大大提高，为从根本上防止或减少安全事故的发生迈出了可喜的一步。

第二节　建筑工程重大隐患预防的步骤与内容

（1）建筑工程重大隐患预防首先应按第三章第一节的要求建立安全隐患的防治体系。

（2）施工单位应制定落实施工安全标准化管理的各项内容和制度，实施以施工现场安全防护为主要内容的建筑施工安全标准化管理，保证施工设备、设施和施工环境符合相关法律、法规和标准规定的安全生产条件。

（3）施工单位和项目部应分别建立安全隐患防治管理制度，落实安全隐患防治责任，开展安全隐患排查。

施工单位应建立下列安全隐患防治管理制度：

1）安全隐患防治管理责任制度；

2）安全隐患分级和报告制度；

3）安全隐患定期排查制度；

4）施工企业负责人安全隐患排查带班制度；

5）重大安全隐患风险评估和预警制度；

6）重大安全隐患治理方案编写、审批制度；

7）重大安全隐患领导挂牌督办处置制度；

8）应急救援制度；

9）安全事故调查和报告制度。

施工单位项目部除执行公司制定的安全隐患防治管理管理制度外，还应建立以下制度：

1）项目负责人安全隐患排查带班制度；

2）安全隐患公示制度；

3）安全隐患治理方案（措施）安全技术交底制度；

4）安全隐患治理检查验收制度；

5）重大安全隐患防治管理的"一患一档"制度；

6）应急救援演练制度。

根据企业和项目的实际情况，施工单位和项目部还可以增加其他有利于安全隐患防治的有关制度。

（4）施工单位应设立安全隐患信息受理机构。安全隐患信息受理机构实行24小时值班，并在施工项目所在地醒目位置公布值班电话，受理安全隐患信息报告和举报。

（5）施工单位应在分部分项工程开工前编制施工组织设计或专项施工方案，并按规定程序报批。

对于超过一定规模的危险性较大的分部分项工程施工前，施工单位编制的专项施工方案应经专家论证，并按专家意见修改后，经施工单位技术负责人、总监理工程师、建设单位项目负责人签字批准后实施。

危险性较大的分部分项工程与专家论证的范围根据住房和城乡建设部《危险性较大的分部分项工程安全管理办法》（建质 [2009]87 号）确定。

专项施工方案应包括以下内容：

1）工程概况：分部分项工程概况、施工平面布置、施工要求和技术保证条件。

2）编制依据：相关法律、法规、规范性文件、标准、规范及图纸（国标图集）、施工组织设计等。

3）施工计划：包括施工进度计划、材料与设备计划。

4）施工工艺技术：技术参数、工艺流程、施工方法、检查验收等。

5）施工安全保证措施：组织保障、技术措施、应急预案、监测监控等。

6）劳动力计划：专职安全生产管理人员、特种作业人员等。

7）计算书及相关图纸。

（6）施工单位各级管理人员应及时到岗履职，并按国家和当地建设行政主管部门的要求配备专职安全生产管理人员。

由于施工现场专职安全员是安全隐患防治的骨干力量，因此，保证总、分包单位专职安全员到岗是防止安全事故发生的有效措施。

1）总承包单位配备项目专职安全生产管理人员应当满足下列要求：

建筑工程、装修工程按照建筑面积配备：

1 万 m^2 以下的工程不少于 1 人；

1 万～5 万 m^2 的工程不少于 2 人；

5 万 m^2 及以上的工程不少于 3 人；

10 万 m^2 以上的工程不少于 4 人；且每增加 10 万 m^2 增加 1 人。

专职安全生产管理人员 3 人及以上的，应按专业配备，并组成安全管理组。

2）土木工程、线路管道、设备安装工程按照工程合同价配备：

5000 万元以下的工程不少于 1 人；

5000 万～1 亿元的工程不少于 2 人；

1 亿元及以上的工程不少于 3 人，且按专业配备专职安全生产管理人员。

3）分包单位配备项目专职安全生产管理人员应当满足下列要求：

专业承包单位应当配置至少 1 人，并根据所承担的分部分项工程的工程量和施工危险程度增加。

劳务分包单位施工人员在 50 人以下的，应当配备 1 名专职安全生产管理人员；50～200 人的，应当配备 2 名专职安全生产管理人员；200 人及以上的，应当配备 3 名及以上专职安全生产管理人员，并根据所承担的分部分项工程施工危险实际情况增加，不得少于工程施工人员总人数的 5%。

（7）作为安全隐患预防的基础，施工单位应加强三级安全教育和上岗培训，对施工现场作业人员开展危险预知训练，使其明确安全生产责任，提高危险认知和自身保护的能力。施工单位的三级安全教育和上岗培训要有书面记录，并经受教育者本人签字确认。

1）施工单位安全教育的主要内容：

国家和地方政府有关安全生产与劳动保护的法律、法规、方针、政策、标准和规章制度；

本单位的《安全生产管理制度》；

典型事故案例剖析；

基本的安全技术知识。

2）施工项目部安全教育的主要内容：

工地安全制度；

施工现场环境；

工程施工特点及可能存在的不安全因素等。

3）施工班组安全教育的主要内容：

本工种的安全操作规程；

事故安全剖析；

劳动纪律和岗位讲评等。

（8）进入施工现场的特种作业人员应经省建设行政主管部门考核合格，取得《建筑施工特种作业人员操作资格证书》，方可上岗从事相应的作业。住房和城乡建设部将特种作业人员划分为 7 大类，浙江省细化为 12 类。包括：

1）建筑电工；

2）建筑焊工（含焊接工、切割工）；

3）建筑普通脚手架架子工；

4）建筑附着升降脚手架架子工；

5）建筑起重信号司索工 (含指挥)；

6）建筑塔式起重机司机；

7）建筑施工升降机司机；

8）建筑物料提升机司机；

9）建筑塔式起重机安装拆卸工；

10）建筑施工升降机安装拆卸工；

11）建筑物料提升机安装拆卸工；

12）高处作业吊篮安装拆卸工。

根据建筑工程施工技术的不断发展，特种作业的范围应该逐步有序扩大，如移动式起重设备司机、吊篮作业人员、工地内部运输车辆司机等。通过强制性培训和考核，提高危险性较大的作业人员的基本素质，减少和发生安全隐患的产生。

（9）分部分项工程施工前，施工项目技术负责人应对所有参与作业的人员进行安全技术交底，安全技术交底应有书面记录，并经教育者和被教育者双方签字。

安全技术交底的内容主要包括：

1）分部分项工程的特点；

2）相关的安全操作规程、标准和规定；

3）主要的安全技术措施；

4）必需按设计和批准的施工方案实施，如有变更应按规定办理相关手续；

5）容易造成人员伤害的常见错误和案例；

6）作业场所的安全防护设施和个人防护用品；

7）安全注意事项；

8）事故发生后的应急救援。

（10）安全防护设施的标准化是预防安全隐患发生的重要手段。施工项目部应根据本工程安全生产的特点制定安全防护措施，编制安全生产防护费用计划，并保证专款专用。

安全生产防护设施或措施应符合施工组织设计和专项施工方案的要求，并根据工程施工进度的实际需要有计划的实施。

（11）施工项目部应认真开展班前安全教育活动，对于危险性较大的分部分项工程施工，班前教育应每天进行，做到安全生产警钟长鸣，常备不懈。

（12）对进入施工现场的机械设备，实行严格的检验制度。经检验，符合国家、行业和相关标准的使用要求后，方能允许使用。

为了保证建筑起重设备安装或财产的安全，一些地方的建设行政主管部门规定，在安装或拆除前必须办理告知手续，经批准后才能安装或拆除。这种对建筑起重机械的安装或拆除实施事前控制的规定，大大降低了安全隐患的风险。

建筑起重机械安装完成后，使用单位要及时委托有资质的第三方检测机构进行检测。检测合格后，使用单位应当组织验收，验收合格后方可投入使用，未经验收或者验收不合格的不得使用。

使用单位可以组织出租、安装、监理等有关单位进行验收，也可以委托具有相应资质的检验检测机构进行验收。

建筑起重机械安装验收合格之日起 30 天内，使用单位应向建设行政主管部门办理建筑起重机械使用登记，并将登记标志置于该设备的显著位置。

（13）施工中使用的各类材料应符合设计文件、相关规范和产品标准的要求。

（14）各分部分项工程施工前，施工项目部应对作业场所或上道工序进行检查，符合要求后方可进行施工。

（15）按第四章第二节的要求进行安全隐患的识别和判定。

（16）对发现的安全隐患，施工单位应组织人员进行评估，确定安全隐患的等级和风险程度。必要时，可委托安全生产中介机构参与安全隐患防治工作或进行第三方评审，以提高安全隐患风险评估和治理的科学化和专业化水平。

第七章

建筑工程重大隐患治理

对发现的安全隐患,施工项目部应组织人员进行认真的整改,对发现的重大安全隐患应建立从评价、监控、治理到验收销号的"一患一档"制度。

第一节　建筑工程重大隐患治理的目的与作用

由于建筑工程重大安全隐患产生的后果严重,危害性大,引发的安全事故可能造成人员伤亡或人民财产的重大损失。因此,按照"安全可靠、技术可行、经济合理"的原则,及时采取有效的治理措施,消除或控制重大安全隐患,防止或减少安全生产事故的发生是建筑工程重大安全隐患预防的目的。

对建筑工程重大安全隐患及时进行治理,是防止安全事故发生的根本途径。只有通过治理,消除重大安全隐患,或者控制它的发展,使之处在可控状态,才能保证人员和财产的安全。

实践证明,对重大安全隐患进行治理的效果十分明显,意义十分深远。

第一,通过对重大安全隐患的治理,一些施工技术和设施进行了革新和完善。出现了钢质附着式升降脚手架、单靠槽钢作为支撑结构的悬挑脚手架、解决角部幕墙施工的新型吊篮、悬挂式满堂升降脚手架等大量的新技术、新工艺和新设备。为建筑施工安全提供了经济、可靠的保障。

第二,通过对重大安全隐患的治理,提高了施工单位安全管理的能力和水平。具体表现在施工专项方案的编制水平、安全技术措施的针对性和可靠性大大提高;进场的机械设备的安全性能大大提高;施工现场的安全防护设施的标准化程度大大提高。

第三,通过对重大安全隐患的治理,提高了作业人员的安全意识,出现了施工人员自觉抵制违章指挥、违章作业的可喜现象。如在某一刚交付使用的体育场馆工程中,出现了屋面采光顶漏水现象。恰逢该场馆下午有比较重要的接待任务,建设单位强令施工单位冒雨进行抢修。考虑到施工现场的条件不能满足作业人员的安全,施工单位拒绝了建设单位这一不合理的要求。尽管施工单位的拒绝给建设单位带来了很大的麻烦和不愉快,但通过事后的解释,取得了建设单位的谅解。

第四,通过对重大安全隐患的治理,施工现场安全管理制度的运行日趋规范化。特种作业人员持证上岗、起重机械的定期检查维修、安全生产定期检查和日常巡查、安全隐患的识别评价和治理的制度化和规范化不断地深入和提高。安全事故的发生和安全生产形势得到了有效的控制和改善。

第二节　建筑工程重大隐患治理的步骤与内容

一、重大安全隐患的治理步骤

如图 7-1 所示。

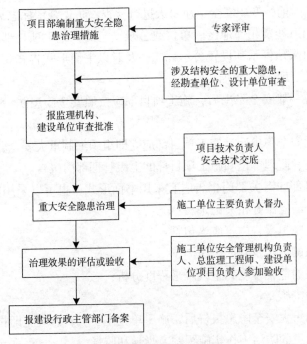

图 7-1　重大安全隐患治理步骤

二、重大安全隐患治理的内容

（1）施工项目部在对排查出的安全隐患进行识别和评价后，应分类统计，建立台账，对发现的重大安全隐患还应建立"一患一档"制度。"一患一档"制度至少应当包括以下内容：

重大安全隐患概况；

重大安全隐患风险评估报告书（表）；

重大安全隐患治理方案（措施）；

安全隐患治理的相关文件、资料；

重大安全隐患整改前后影像资料；

重大安全隐患整改验收意见。

（2）施工项目部应在施工现场醒目处设置安全隐患告示牌，明确提示施工现场存在的安全隐患种类、安全隐患存在的部位、治理责任人、治理期限、治理目标和注意事项；并在安全隐患存在的部位设置明显的警示标志。

安全警示标志设黄、红两种，黄色表示一般安全隐患，红色表示重大安全隐患。隐患消除前，专职安全员应每天进行检查，防止警示标志缺失或移动。

当安全隐患涉及相邻地区、单位或公众安全的，施工项目部应当在安全隐患影响范围内张贴告示和设置警示标志，及时以书面形式告知相关单位，并加强对安全隐患治理工作的协调。

（3）发现一般安全隐患后，施工项目部应按照安全隐患防治方案的要求立即进行整改。

发现重大安全隐患后，施工项目部应立即组织编制重大安全隐患治理措施，并向建设单位、监理单位和施工项目部的上级管理部门报告。

施工项目部向有关部门报告时宜采用书面形式，也可以采用电话报告。当采用电话报告的应做好相关记录。

重大安全隐患报告内容应当包括：

安全隐患的现状及其产生原因；

安全隐患的危害程度和整改难易程度分析；

拟采取的措施。

（4）接到重大安全隐患报告后，施工单位主要负责人应立即指派专人负责，对重大安全隐患的防治工作实施跟踪、指导和监督。

施工单位主要负责人指派的人员在重大安全隐患防治过程中，应负责核查隐患的影响范围和风险情况；审查停产整改或采取的防护控制措施是否符合安全生产和施工现场的实际情况；并督促治理措施的落实与实施。

（5）施工现场监理机构应对重大安全隐患治理方案进行审查，并签署审查意见。当安全隐患影响结构安全时，施工单位制定的治理方案需报勘察单位、设计单位审查批准，经监理机构、建设单位同意后实施。

施工项目部编制的重大安全隐患治理措施宜组织专家评审，并按专家意见修改后，经施工单位技术负责人、总监理工程师和建设单位负责人签字后实施。

（6）勘察单位、设计单位收到施工项目部提交的涉及勘察和设计的重大安全隐患治理措施后，应及时对隐患进行结构安全的危害程度评价；并指派专人对方案进行审查，签署审查意见，提出具体的隐患治理意见或建议。

（7）重大安全隐患治理过程中需要实施检测的，检测单位应按合同要求，编制检测方案，并保证检测的内容、数量、方法、标准、频率等符合规范要求。

检测单位应及时分析、处理和提供各项检测数据，发现检测数据异常或达到报警值时，应立即向建设单位、施工单位和监理单位报告。

（8）重大安全隐患治理前，施工项目技术负责人应进行安全隐患治理的安全技术交底，并保存安全技术交底书面记录。

安全隐患治理技术交底的内容主要包括：

安全隐患治理的特点。

相关的安全操作规程、标准和规定。

主要的安全技术措施。

必须按设计和批准的治理方案（措施）实施，如有变更应按规定办理相关手续。

治理过程中容易造成人员伤害的常见错误和案例。

作业场所的安全防护设施和个人防护用品。

安全注意事项。

事故发生后的应急救援。

（9）重大安全隐患的治理由施工单位主要负责人督办。重大安全隐患治理的重点部位和关键环节，施工单位的专职安全员应实行现场监督。项目监理机构应指派专人对重大安全隐患的治理进行检查和巡视，确保重大安全隐患的治理符合安全隐患防治方案（治理措施）、规范或设计要求。

重大安全隐患治理时，建设单位应负责对外相关部门的协调并定期检查治理效果情况。

（10）施工项目部应定期（一般每月编制一次）编制安全隐患治理清单，报监理机构核查。

一般安全隐患治理清单由项目负责人签字，重大安全隐患治理清单由施工单位主要负责人签字。

监理机构接到施工单位提供的安全隐患治理清单后，应根据施工现场实际情况，认真核对安全隐患治理的目录、隐患存在的部位及治理情况，防止隐患遗漏。

（11）一般安全隐患消除后，施工项目部应通知监理（建设）单位检查验收。

重大安全隐患治理完成后，施工项目部应组织建设、监理、勘察、设计单位的技术人员对重大安全隐患的治理结果或风险控制进行验收评估。参与验收评估的技术人员必须具有工程师及以上职称。必要时，重大安全隐患治理结果或风险控制的验收评估可以委托具有相应资质的检测机构进行。

验收合格，施工项目部应填写安全隐患处理验收记录表，报建设行政主管部门备案。

重大安全隐患的治理资料，应按相关规定进行归档。

第八章

建筑工程安全事故应急救援

　　尽管施工单位在施工现场采取了各种安全隐患的预防和治理措施，但由于施工过程的动态性、复杂性、施工工艺的变化性和人员的流动性，建筑工程安全事故的发生很难完全避免。为了在事故发生后，迅速有效的控制事故危害的发展，及时抢救伤员，尽一切可能保证施工人员的人身安全，减少国家和人民财产损失，必须对发生事故的施工现场实施应急救援。

　　要对事故现场采取正确、必要的措施，实施应急救援，施工单位必须完善应急机制，制定应急救援预案。

　　由于施工单位公司一级层面上编制的应急救援预案目的是在本单位建立起统一、规范、科学、高效的应急救援指挥和保障体系，明确各级组织机构的岗位职责和应采取的措施，以确保一旦发生安全事故后，能以最快的速度、最高的效能，实施救援，最大限度地减少人员伤亡和财产损失，把事故危害降到最低点。但这种应急救援预案的针对面广，只是对本单位的应急救援起普遍意义上的指导作用，对处在不同环境、具有不同特点的建筑工程针对性不强。

　　因此，在建筑工程开工前，施工项目部应根据本工程的特点，重新编制本施工项目的安全事故应急救援预案，并报建设（监理）单位审查批准。以确保发生安全事故后，能迅速启动预案，实施应急救援。

第一节　建筑工程安全事故应急救援的组织

　　（1）施工单位应建立应急救援体系，由公司的主要负责人，工程技术部门、安全生产管理部门、物资和设备管理部门的负责人、各施工项目的主要负责人和专职安全员组成。应急救援体系一般由公司的总经理或法定代表人任总指挥，特殊情况下，也可由公司主管安全的副总经理任总指挥。实行施工总承包的，分包单位的安全事故应急救援纳入施工总承包单位的应急救援体系。

　　（2）施工单位的应急救援体系的主要职责是：

　　1）统一领导本单位事故应急救援工作；

　　2）负责组织本单位的应急救援演习；

　　3）负责监督各施工项目部制定应急救援预案及预案演练；

　　4）负责评估本单位及各施工项目部应急救援行动及应急预案的有效性；

　　5）安全事故发生后，总指挥或总指挥委托副总指挥赶赴事故现场进行指挥，成立（参加）现场指挥部，负责（参与）指挥事故应急救援工作。

对于一般或较大安全事故的应急救援，由于施工单位对施工现场和事故状况熟悉，可以自行建立现场指挥部进行救援，在时间上，决策上和采取措施的针对性上更为有利。但对于重大或特大安全事故的应急救援，由于事故的危害性大，救援情况复杂，单靠施工单位自身的力量难以协调和指挥，需要动员社会资源。因此，现场指挥部的建立应服从当地建设行政主管部门或人民政府的有关规定，以政府行政部门的领导进行指挥比较妥当。

（3）建筑工程应按安全事故应急救援预案的要求建立项目应急救援体系。建筑工程的应急救援体系由建设单位项目负责人、监理单位项目机构负责人、施工单位项目主要负责人和专职安全员组成。一般情况下，建筑工程应急救援体系建议由施工单位项目经理负责。

（4）施工项目部应建立应急救援物资和设备管理制度，保证设备和物资满足应急救援的需要。

由于不同施工阶段存在的安全隐患不同，可能引发的事故也不一样，对于安全事故应急救援的重点也有区别。因此，施工项目安全事故的应急救援预案、体系、设备和物资要根据施工阶段的特点不断进行调整与完善。

安全事故发生后，建筑工程施工项目经理应立即启动应急预案，并向各责任主体报告。接到事故报告后，各责任主体应立即组织力量奔赴事故现场，服从现场指挥部的统一指挥，投入施工现场的救援工作。

（5）应急救援现场指挥部的职责：

1）指挥、协调现场的应急救援工作；

2）批准现场救援方案，组织现场抢救；

3）组织确定事故现场的范围，实施必要的交通管制和强制措施；

4）负责发布和解除应急救援命令和信号；

5）核实人员伤亡和经济损失情况并按《生产安全事故报告和调查处理条例》的规定及时上报；

6）根据事故应急救援的需要，紧急协调供水、供电、供气、通信等单位，请求协助；

7）必要时，向上级人民政府报告，请求帮助和支援；

8）组织有关善后事宜。

事故处理后，施工单位应对现场进行清理，检查安全生产条件。符合条件的，经住房和城乡建设主管部门批准后，方能恢复施工。

（6）施工项目监理机构应按应急救援预案的要求监督施工项目部建立和完

善应急救援体系，并根据不同建筑工程及不同施工阶段的安全隐患特点，检查应急救援物资储备和应急救援措施的落实情况。对发现的问题，及时签发监理工程师通知单，并要求施工项目部限期整改。施工项目部完成整改后，按程序报监理机构复查。检查、整改和复查结果，监理机构要有书面记录。

（7）施工项目部应按应急救援预案的要求组织模拟演练，并对演练中暴露的问题与缺陷限期改进。

（8）建设单位应对建筑工程安全事故应急救援预案执行情况进行监督与定期检查。

第二节　建筑工程安全事故应急救援预案

施工项目的应急救援预案应由施工项目技术负责人组织编制，经施工企业技术负责人审批后实施。分包单位的安全事故应急救援预案由分包项目技术负责人编制，分包企业技术负责人审批，报总承包单位技术负责人批准。

应急救援预案应包括以下主要内容：

（1）应急救援预案的适用范围；

（2）事故可能发生的位置和可能造成的后果；

（3）事故应急救援的组织机构及其组成单位、组成人员、职责分工；

（4）安全事故报告的程序、方式和内容；

（5）事故发生后应采取的措施；

（6）善后工作处置程序；

（7）应急救援资源信息；

（8）应急演练的组织与实施。

应急救援资源信息包括救援队伍的组成、救援物资储备与计划、救援专家、伤员救治、具体的通信联系方式等信息。

发现安全隐患或事故发生后采取的措施包括监测组织、公共疏散组织、交通管制组织、安全警戒组织等保障措施。

附录一：

安全事故案例和预防

一、吊篮作业安全事故的预防

（一）案例

【案例1】

2008年9月的一个下午，某通信枢纽工程通过竣工验收，正在进行工程移交前的清理，幕墙单位的施工班长发现客服楼的四层外墙有几块保护膜粘在铝板上。由于施工吊篮已经拆除，为贪图方便，施工班长采用滑动吊板（蜘蛛人方式）进行清除时吊索断裂，坠落死亡。经现场查看，吊绳断口比较整齐，且有明显的灼烧痕迹，而紧挨滑动吊板的墙面上正好有一根表皮破损的电缆，吊绳断口与电缆破损的高度位置基本一致。

事故原因分析：

施工人员未按专项方案的要求，未经所在项目安全管理部门和监理单位批准，擅自使用当地建设行政主管部门明令禁止的滑动吊板，且未设置单独的保险绳，直接将安全带扣在吊绳上进行清理工作，违章作业是造成该起事故的诱因。

施工时，因为吊绳的移动与电缆的摩擦，导致表皮破损的电缆短路。电缆短路产生的强电流将吊绳瞬间灼断，导致人员高空坠落死亡，是该起事故的直接原因。

项目安全管理部门监管不到位，没有及时发现破损的电缆以及施工人员的违章作业等安全隐患，是引发该起事故的重要原因。

（二）预防措施

为预防高空作业以及幕墙吊篮作业中安全事故的发生，施工单位和监理机构应依据《建筑施工工具式脚手架安全技术规范》JGJ 202—2010、《建筑施工高处作业安全技术规范》JGJ 80—2016、《建筑施工安全检查标准》JGJ 59—2011等标准以及有关的规范性文件制定安全生产管理措施，对施工现场的安全施工进行管理或实施监控。这些措施主要针对施工现场容易出现的安全生产隐患采取一系列的防治手段，对施工单位的管理缺陷、人的不安全行为和物的不安全状态进行有效的治理，达到防患于未然的目的。

1. 施工安全管理措施

（1）施工单位应建立由企业主要领导人负责，独立行使安全生产管理职能的部门，相应的管理人员应按本书第三章第一节第一点的要求组成。并在每一个施工现场建立安全生产管理机构，按规定配备专职安全员，安全生产管理机构应根据不同的施工阶段及时进行调整。在幕墙施工阶段，施工现场的安全生产管理机构应有幕墙施工单位的人员参加，并有幕墙专业的专职安全员。

（2）施工现场应建立完整的安全生产责任制，并认真落实。幕墙施工阶段应重点建立的安全生产责任制，包括：高空作业安全技术交底制度、吊篮安全生产管理制度、吊篮使用的操作规程、吊篮安装验收和备案制度、吊篮日常检查和维修制度、安全生产日常检查与巡视制度、幕墙材料垂直运输和安装管理制度、明火作业和消防管理制度、施工安全隐患整改制度（幕墙）等。

（3）落实安全检查制度，以吊篮设施安全和查处违章作业为主线，消除安全隐患。对检查中发现的安全隐患应及时整改。

（4）在幕墙工程施工准备阶段，专业施工单位应按工程的特点和工艺标准、规范要求编制施工方案。《幕墙专项施工方案》应当由施工单位技术部门组织本单位施工技术、安全、质量等部门的专业技术人员进行审核。经审核合格的，由施工单位技术负责人签字。实行施工总承包的，专项方案应当由总承包单位技术负责人及相关专业承包单位技术负责人签字。

不需专家论证的专项方案，经施工单位审核合格后报监理单位，由项目总监理工程师审核签字。

50m及以上高度的幕墙工程施工专项方案应经专家论证。施工专项方案论证后，专家组应当提交论证报告，对论证的内容提出明确的意见，并在论证报告上签字。该报告作为施工专项方案修改完善的指导意见。

施工单位应当根据论证报告修改完善施工专项方案，并经施工总承包单位和专业施工单位的技术负责人、项目总监理工程师、建设单位项目负责人签字后，组织实施。

（5）幕墙工程施工前，作业人员应经过系统的三级安全教育培训与幕墙施工安全技术交底，并经考核合格后才能上岗作业。施工阶段，项目安全管理机构应落实每天的班前教育制度。

（6）对列入建筑施工特种作业名录的吊篮安装人员，必须经建设主管部门考核合格，取得建筑施工特种作业人员操作资格证书，方可上岗从事相应作业。吊篮安装人员应定期体检合格且无妨碍从事相应特种作业的疾病和生理缺陷。

（7）安装单位的营业执照，吊篮的产品合格证及产品形式检验报告，以及安装、拆卸人员的资格证书应符合要求。幕墙作业吊篮安装作业前应划定安全区域和设置警示标志，安装时应按专项施工方案的要求，并在专业人员的指导下实施。

（8）吊篮安装完毕并自验合格后，需经具备相应资质的检验检测机构检测。检测合格后，由施工总承包单位组织安装单位、租赁单位、使用单位、监理单位进行验收，并填写《高处作业吊篮安装验收表》。验收合格后，施工单位应按当地建设行政主管部门的规定履行登记备案手续。

吊篮在同一施工现场进行二次移位安装后，由施工总承包单位重新组织安装单位、租赁单位、使用单位、监理单位进行验收，填写《高处作业吊篮安装验收表》。吊篮未经检测合格和验收不得使用。

2. 人的行为安全

（1）创造良好的生活环境，保证施工人员的休息和饮食，让辛勤劳作一天的员工尽快消除疲劳，是防止作业人员劳累过度，从而导致注意力下降、反应变慢发生安全事故的有效手段。如按《施工现场临时建筑物技术规范》JGJ/T 188—2009 的规定布置员工的宿舍和食堂，并加强日常管理，保持宿舍的整洁与通风，确保饮食健康和食品安全；根据当地、当时的气候条件，在宿舍配置适当的空调设施；因地制宜建设运动场地或配置运动器械等。当工期紧张需要赶工或施工工艺要求连续施工时，作为施工项目的决策者和管理者，应充分考虑施工人员的生理条件，合理安排分段作业或流水施工，避免作业人员连续超强度施工引起的疲劳过度。

（2）所有进入施工现场的人员，应正确佩戴安全帽，扣好帽带，防止因不戴安全帽或安全帽脱落后人员的头部受到物体打击或挤压伤害，如幕墙施工时容易发生的螺丝螺帽、金属垫片、工具掉落等引起的物体打击事故。在吊篮中或其他高空作业的人员，应佩戴安全带，并将安全带正确悬挂在安全绳上，防止坠落事故的发生。幕墙安装人员应穿绝缘并防滑鞋，防止触电、滑到产生的意外伤害；应穿着合身的工作服，防止皮肤晒伤、划伤，防止过于宽松或飘逸的服装在进出吊篮或进行幕墙板块安装时引起勾挂等发生意外；电焊工应佩戴防护手套和使用防护面具，防止电弧对皮肤和眼睛产生伤害。

（3）禁止安装人员不按专项施工方案的要求安装或随意移动吊篮；禁止在吊篮上擅自安装附笼；禁止将吊篮作为垂直运输设备运送人员和物料；禁止施工人员从建筑物顶部、窗口等处或其他孔洞处出入吊篮；禁止在吊篮内的作业人员不正确佩戴安全帽和安全带，不将安全锁扣正确挂置在安全绳上等违章行为。防止在安装大型玻璃（石材）板块时多人（3人及以上）进入吊篮内作业，防止吊篮安装时人员集中在某一处造成平台内荷载不均衡，超载等现象发生。

（4）吊篮内作业人员应有专用工具袋，零散物品应放置在容器中，防止工具或零散材料物品坠落造成的伤害事故。吊篮拆除时，不得将吊篮任何部件从屋顶处或高处抛下。

3. 物的安全状态

（1）高处作业吊篮安装和使用时应清除安装场地上的杂物、混凝土结构中的钢管和槽钢等作业障碍，在 10m 范围内如有高压输电线路，应按照《施工现场临时用电安全技术规范》JGJ 46—2005 的规定，采取隔离措施。

（2）高处作业吊篮组装前应确认所用的构配件是同一厂家的产品，且结构件、紧固件配套完好，其规格型号和质量符合设计和吊篮安装使用说明书的相关要求。

（3）吊篮应附有产品合格证、使用说明书和法定检验检测机构出具的型式检验报告。吊篮用的提升机、安全锁应有独立标牌，并标明产品型号、技术参数、出厂编号、出厂日期、标定期、制造单位。

（4）与吊篮配套的钢丝绳、索具、电缆、安全绳应符合相应的国家产品质量标准和产品说明书的要求。钢丝绳无散股、打结、断股、硬弯、锈蚀、无油污和附着物等现象；安全绳的直径应与安全锁扣的规格相一致，并应单独设置，固定在建筑物可靠位置上；安全绳在转角处或与结构有摩擦的地方，有可靠的防护措施。

（5）作业人员在建筑物的屋面或楼面上进行悬挂机构的组装时，应采取防护栏、防护网、安全带等防坠落措施，并与屋面、楼面边缘保持适当的安全距离。

（6）悬挂机构宜采用刚性联结方式进行拉结固定。当后支架采用加平衡重的形式时，配重件应稳定可靠地安放在配重架上，重量应符合设计和产品说明书的要求规定，并应有防止随意移动的措施，严禁使用破损的配重件或其他替代物，保证悬挑机构抗倾覆系数 ≥ 2。当后支架采用与楼层结构拉结进行卸除荷载时，拉结点处的结构应能承受设计拉力，并有可靠的连接措施；当采用锚固钢筋作为传力结构时，其钢筋直径应大于 16mm，在混凝土中的锚固长度应符合该结构混凝土强度等级的要求。

（7）吊篮在使用时，应根据作业最高点的高度划定安全隔离区域，并设置警示标志，防止人员误入后造成的物体打击伤害事故。

（8）应对吊篮悬挂机构支撑点处的结构承载能力进行核定，确认结构强度满足要求。当吊篮悬挂机构支撑点的结构强度不能满足使用要求时，应在受力点下方设置厚度不小于 50mm 的垫木，或在下层结构加支撑回顶，防止结构受损。当用脚手架作为吊篮悬挂机构支撑点的受力结构时，应编制该部分脚手架专项方案，并对脚手架的强度和刚度进行验算；当荷载达到《危险性较大的分部分项工程安全管理办法》（建质 [2009]87）规定的条件时，专项方案应进行专家论证。

（9）吊篮悬挂机构的前支架不得支撑在女儿墙上、女儿墙外或建筑物挑檐边缘等不能承受吊篮荷载的结构构件上。

（10）吊篮悬挂机构的外伸长度应符合施工方案的要求，且最大不得超过产品说明书的规定。悬挑横梁应前高后低，前后水平高差不应大于横梁长度的 2%。

（11）吊篮悬挂机构前支架应与支撑面保持垂直，受力点平整。当在转角、弧形等部位，悬挂机构与吊篮工作面形成一定夹角不能垂直时，应及时调整前后支架的间距，保证抗倾覆力矩满足规范要求。

（12）对安装脚轮的吊篮悬挂机构，要避免脚轮受力，防止脚轮产生的集中荷载对建筑物产生局部破坏；或因为悬挂机构受外力牵拉或频繁振动时，发生位置移动，使得吊篮无法保持平衡，从而威胁施工人员的安全。

（13）吊篮平台的组装应符合产品说明书要求；悬挑机构的连接销轴规格与安装孔相符并用锁定销可靠锁定，连接螺栓全数拧紧无遗漏；独立设置锦纶安全绳，锦纶绳直径不小于 16mm，锁绳器质量符合要求，安全绳与结构固定点的连接可靠；使用的安全锁灵敏可靠，在标定有效期内。

（14）吊篮平台无明显变形、严重锈蚀和大量附着物；防坠落装置的部件完好。安装的超高限位器位置正确，并在距顶端 80cm 处固定，行程限位装置正确稳固，灵敏可靠。

（15）吊篮的供电系统符合施工现场临时用电安全技术规范要求；电气控制柜的各种安全保护装置齐全、可靠，控制器件灵敏可靠；电缆无破损裸露，能收放自如。

（16）两个悬挂机构吊点的水平间距与吊篮平台的吊点间距应相等，其误差不应大于 50mm。防止吊篮平台升至顶端时，钢丝绳产生的水平拉力破坏悬挂机构的稳定性。

（17）为防止吊篮在升降运行时发生倾覆，工作平台两端的高差不得超过150mm。

（18）喷涂作业或使用腐蚀性液体进行清洗时，应对吊篮的提升机、安全锁、电气控制柜等采取防污染保护措施。

（19）进行电焊作业时，应对吊篮的设备、钢丝绳、电缆采取保护措施。不得将电焊机放置在吊篮内，电焊缆线不得与吊篮接触，不得将电焊钳搭挂在吊篮上，防止发生触电事故。

（20）立体交叉施工时，吊篮应安装水平防护棚，高层建筑的水平防护棚的宽度不小于 6m，防止高处坠物造成作业人员伤害。

（21）当遇有雨雪、大雾、风沙及 5 级以上大风等恶劣天气时应停止吊篮施工，同时将吊篮平台停放至地面并对钢丝绳、电缆进行绑扎固定。

（22）下班后应将吊篮停放在地面。人员离开吊篮、进行吊篮维修或每日收工后应将主电源切断并将电气柜中各开关置于断开位置并加锁。

（23）吊篮拆除时，应对作业人员和设备采取相应的安全措施。拆卸分解后的构配件放置在建筑物边缘时，要采取防止坠落的措施；零散物品应放置在容器中。

二、起重吊装作业安全事故的预防

（一）案例

【案例 2】

2014 年 7 月 16 日上午 9 点多，浙江余杭某工程建设有限公司项目部一木工班长通过对讲机指挥塔吊司机将铝合金支模架底座起吊至指定楼层，在起吊过程中包装袋破裂，约 700kg 重的底座坠落，正好砸中该木工班长，导致当场死亡。

经调查：

木工班长在吊装铝合金支模架底座时未采用钢丝网兜或固定的工具箱，而是采用了普通的化学纤维包装袋，由于包装袋的强度不足破裂，在约 700kg 铝合金支模架底座高空坠落打击下，是该木工班长死亡的直接原因。

据现场分析，由于堆放铝合金支模架底座四周放满了各种材料，即使木工班长发现包装袋高空破裂时也不能逃离现场。否则，只要跨出一到二步，就有可能避免致命的打击。因此，施工场地布置不合理是本起事故的重要原因。

经查，木工班长没有塔吊指挥和司索岗位证书，安全意识薄弱和缺乏常规知识，是造成该起事故的又一个重要原因。

在该施工项目，无证指挥、无证司索，甚至是无证塔吊司机都不是个别现象。虽然说任何安全事故的发生有其偶然性，但肯定有其必然性，这种管理缺陷是造成本起事故的主要原因。

附图 1-1 为事故现场照片。

附图 1-1　事故现场图

（二）预防措施

为预防起重吊装作业安全事故的发生，施工单位和监理机构应依据《建筑机械使用安全技术规程》JGJ 33—2012、《建筑施工塔式起重机安装、使用、拆卸安全技术规程》JGJ 196—2010、《建筑施工起重吊装工程安全技术规范》JGJ 276—2012、《施工现场临时用电安全技术规范》JGJ 46—2005、《建筑施工安全技术统一规范》GB 50870—2013、《建筑施工安全检查标准》JGJ 59—2011 等标准以及有关的规范性文件制定安全生产管理措施，对施工现场起重吊装作业进行管理或实施监控。这些措施主要针对起重吊装作业中容易出现的安全生产隐患采取系统的防治手段，对施工单位的管理缺陷、人的不安全行为和物的不安全状态进行有效的治理，达到防患于未然的目的。

1. 施工安全管理措施

（1）施工单位首先应建立由企业主要领导人负责，独立行使职能的安全生产管理部门，安全生产管理部门的人员应按本书第三章第一节第一点的要求组成。其次，大、中型施工企业应建立设备管理部门。没有能力设立独立的设备管理部门的小型施工企业，至少应配备专职的设备管理人员，对起重吊装设备进行管理。施工现场的安全生产管理机构，应配备具有一定起重设备管理知识和能力的专职安全员，对起重设备的安装、拆除、运行和维修保养进行管理。

（2）施工现场应建立健全安全生产责任制，并认真落实。起重吊装作业应重点建立的安全生产责任制包括：特种作业人员持证上岗制度、高空作业安全技术交底制度、起重设备安装验收和备案制度、起重设备班前检查和试运行制度、起重设备安全操作规程、起重设备日常检查和维修制度、安全隐患整改制度（起重吊装作业）等。根据企业的实际情况，有关起重吊装的安全管理制度可以单独编制，也可以和相关的专项方案合并编制。

（3）落实安全生产检查制度，以起重设备的安装验收、拆除和查处违章作业为重点，防止或减少安全隐患的发生。对检查中发现的安全隐患应及时督促整改。

（4）在施工准备阶段，施工单位项目部应按本工程起重吊装作业的特点、环境和工艺标准、规范要求等编制《起重吊装作业施工方案》，专项施工方案应充分考虑施工现场的建筑物、道路、架空电路等因素对作业的影响。

《起重吊装作业施工方案》应当由施工单位技术部门组织本单位施工技术、安全、质量、设备管理等部门的专业技术人员进行审核。经审核合格的，由施工单位技术负责人签字。起重吊装作业由专业施工单位承包施工的，专项方案应当由总承包单位技术负责人及相关专业承包单位技术负责人签字。

不需专家论证的专项方案，经施工单位审核合格后报监理单位，由项目总监理工程师审核签字。

采用非常规起重设备、方法，且单件起吊重量在 100kN 及以上的起重吊装作业、起重量 300kN 及以上的起重设备安装作业、高度 200m 及以上内爬起重设备拆除作业的施工专项方案应经专家论证。

施工专项方案论证后，专家组应当提交论证报告，对论证的内容提出明确的意见，并在论证报告上签字。该报告作为施工专项方案修改完善的指导意见。

施工单位应当根据论证报告修改完善施工专项方案，并经施工总承包单位和专业施工单位的技术负责人、项目总监理工程师、建设单位项目负责人签字后，组织实施。

（5）起重吊装作业前，作业人员应经过系统的三级安全教育培训与起重吊装安全技术交底，并经考核合格后才能上岗作业。未经安全教育培训、技能培训与交底的施工人员不得进行起重吊装作业。

（6）从事起重吊装作业的司机、信号工、司索工等人员，必须经建设行政主管部门考核合格，取得建筑施工特种作业人员操作资格证书，方可上岗从事相应作业。

（7）履带式、轮胎式等可移动起重设备进场应履行报验手续。报验时应提供设备的产品合格证及定期检验报告，经监理机构（建设单位）批准后才能使用。塔吊、施工升降机等设备的安装、验收和备案手续应遵从建设行政主管部门的相关要求。

（8）起重吊装前，吊装作业负责人或专职安全员应检查起重设备的滑轮、钢丝绳、吊钩、卡环、地锚、制动鼓等，确保完好和符合相关标准的要求。

（9）起重设备作业应严格按照出厂使用说明书规定，任何情况下均不得超载作业或扩大使用范围。

（10）起重吊装作业前，应设置警戒线及明显的警示标志，严禁非操作人员入内；夜间作业应有足够的照明；作业时技术人员或安全人员应加强现场的巡视检查和重点检查，防止意外事故发生。

（11）雨季和冬季进行作业时应有可靠的防滑、防寒和防冻措施，并及时清除水、冰、霜、雪等影响安全的危险因素。

六级以上强风或浓雾、大雨、大雪等恶劣气候应停止吊装作业。大雨、大雪过后作业前，应进行检查和试吊，确认制动器灵敏可靠后才能进行作业。

2. 人的行为安全

（1）从事起重吊装作业的人员应定期进行体检，保持身体健康且无妨碍从事起重吊装作业的疾病和生理缺陷。

（2）创造良好的生活和工作环境，并加强日常管理，保证作业人员得到充分的休息和饮食健康，关心起重吊装作业人员的家庭生活和心理健康，努力创造条件使他们在工作中保持足够的体力，集中精力做好本职工作。

根据作业地点的环境条件，综合考虑作业人员的生理条件，合理安排工作时间和吊装作业内容，防止因疲劳过度造成的注意力下降、反应变慢或误操作等人为因素造成的安全事故。如尽可能避免在高温季节的中午进行长时间的露天吊装作业，在驾驶室配置风扇或其他降温设施等。

（3）当工期紧张需要赶工或施工工艺要求连续施工时，应合理安排分段作业或流水施工，避免作业人员连续超强度施工引起的疲劳过度。

（4）所有进入吊装作业现场的人员应穿防滑鞋，防止滑倒引起的意外伤害；应正确佩戴安全帽，扣好帽带，防止作业人员因不戴安全帽或安全帽脱落，造成的头部受到物体打击或挤压伤害；如起重吊装时容易发生的散装材料掉落和钢筋、钢管滑落等引起的物体打击或伤害事故。

作业人员应穿工作服，防止皮肤晒伤、划伤，防止过于宽松的服装影响作业或发生勾挂等意外。

（5）从事高空吊装作业的人员，应正确佩戴安全带，并将安全带悬挂在安全绳上，防止发生人员坠落；应携带专用工具袋，作业时应将零散物品放置在容器中，防止工具或零散材料物品坠落造成的伤害事故。作业中严禁抛、丢物件和工具。

（6）起重吊装作业应分工明确，并有专人负责。司机、司索及安装等操作人员应严格按照指挥人员的信号进行作业。严禁操作人员随意调整或拆除安全保护装置，严禁司机利用限制器和限位装置代替操纵机构。

当发现作业过程中有异常情况或疑难问题时，应立即停止作业，并及时向技术负责人反映。异常情况或疑难问题排除后才能继续进行作业。

（7）起吊大、重、新的结构构件或采用新的吊装工艺时应进行试吊，确认吊装工艺安全可靠，起重机的稳定性和制动器的性能良好方能进行作业。

（8）汽车、轮胎式起重机行驶时，作业人员不得在底盘走台上站立或蹲坐，或堆放物件。

3. 物的安全状态

（1）尽量避免在35℃及以上的气候条件下进行起重吊装作业，因施工需要无法避免时，应采取必要的防护措施。

（2）起重机的变幅指示器、力矩限制器、起重量限制器以及各种行程限位开关等安全保护装置应定期检查，发现问题要立即停止使用并进行修复，确保安全保护装置完好，严禁起重机械带病作业。

（3）吊装作业使用的钢丝绳质量应符合相关标准的要求；吊索的绳环或两端的绳套应采用编插接头，且长度不小于钢丝绳直径的20倍；钢丝绳的直径应通过计算确定，满足起吊构件重量的安全系数。

滑轮、吊钩的表面光滑，没有裂纹、刻痕、剥裂、锐角、严重磨损和变形等现象。

（4）起重机在靠近架空输电线路时作业或在架空输电线路下行走时，与输电线路的安全距离必须满足《施工现场临时用电安全技术规范》JGJ 46—2005的要求。当安全距离不能达到规范要求时，应采取严格的安全保护措施，并报供电部门批准。

（5）起重机械作业时，停放的位置距离基坑、沟渠有足够的安全距离，不得停放在斜坡上作业。

汽车、轮胎式起重机作业前应全部伸出支腿，并支垫牢固，插上支腿定位销。底盘为弹性悬挂的起重机放支腿前应先收紧稳定器。

禁止在作业中扳动支腿操纵阀调整支腿。当作业过程中发现支腿沉陷或其他不正常情况时，应立即放下起吊物，调整支架，才能继续作业。

（6）吊装作业应设置警戒区，并派专人看守，防止起重臂和重物下方有人停留、工作或通过。

（7）起吊前，应对制动器、钢丝绳及其连接部位、索具设备进行检查，确认符合专项施工方案和规范要求后才能进行作业。

（8）在大、重构件和设备起吊前，吊装作业负责人应根据专项施工方案和起重机的性能对起吊物的质量、吊点和环境进行确认，保证吊装安全。

严禁起重机械进行斜拉、斜吊；严禁起吊地下埋设或凝固在地面上的重物；禁止吊装不明重量的物体；严禁现场浇筑的混凝土构件或模板在没有全部松动时就进行起吊。

（9）起重机械通行的道路应保持平整，满足承载力的要求。在有坡度的道路上行驶时，宜通过调整起重臂的角度保持机械的平衡。上坡时宜将起重臂仰角适当放小，下坡时宜将起重臂仰角适当放大。禁止下坡时空挡滑行。

带载行走时，应将重物拴好拉绳，保持在起重机正前方向，离地面高度不超过500mm，缓慢行驶，载荷不得超过允许起重量的70%。

禁止起重机在上下坡道时带载行走；禁止长距离带载行驶。

（10）起重机变幅应做到缓慢平稳，起重臂的最大、最小仰角不得超过额定值；禁止起重臂未停稳前变换挡位；禁止同时进行两种动作；禁止起重机载荷达到额定起重量的90%及以上时下降起重臂。

（11）双机抬吊作业时，应选用性能相似的起重机进行。抬吊时，保持吊钩滑轮组在垂直状态，并合理分配载荷，保证单机的起吊载荷不超过允许载荷的80%。

（12）起吊时，禁止将物体长时间悬挂在空中。当突发故障时，应采取措施将物体降落到安全地方，并关闭发动机或切断电源后才能进行检修。

突然停电时，应立即把所有控制器拨到零位，断开电源总开关，并采取措施使物体降到地面。

（13）安装好的结构构件，经安装负责人和技术负责人分别检查，确认无误后报监理机构批准，方能拆除临时固定措施。未经设计单位批准，安装好的结构构件不得作为受力支撑点或在构件上随意开孔。

三、施工升降机安全事故的预防

（一）案例

【案例3】

2011年某月某日中午，位于杭州市下城区某工业园区内在建工程的物料提升机吊篮在下行过程中发生一起人员夹伤事故，伤员送医院经抢救无效死亡。

经调查：事故发生的地方正处于外装饰施工阶段，承担施工任务的一名工人正在物料提升机周边部位的外脚手架上逐层进行粉刷作业。当处于脚手架覆盖范围内的粉刷完成后，该作业人员未经批准，擅自拆除脚手架侧面与物料提升机相邻的防护栏板，进入物料提升机运行区域内，对拟粉刷部位进行粉刷。如附图1-2所示。

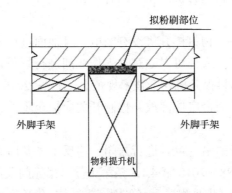

附图1-2　物料提升机运行区域

由于物料提升机司机在操作过程中未发现该作业人员，致该名工人身体和头部均受到吊笼与物料提升机外架的挤压致死。

事故的原因分析：

（1）作业人员未经批准，擅自拆除脚手架侧面的防护栏板，进入物料提升机运行区域内进行粉刷，是导致事故发生的直接原因。

（2）物料提升机的安装违反了《龙门架及井架物料提升机安全技术规范》JGJ 88—2010 第 6.2.2 条第 2 款"停层平台外边缘与吊笼门外缘的水平距离不宜大于 100mm，与外脚手架外侧立杆（当无外脚手架时与建筑结构外墙）的水平距离不宜小于 1m"的规定，造成司机视线不良，引发错误操作，是事故发生的主要原因。

（3）专职安全员数量未按规定配备，对施工现场存在的安全隐患发现或治理不及时等管理缺陷是事故发生的重要原因。

【案例 4】

2010 年 11 月某日，杭州市滨江区某会展广场项目发生一起机械挤压事故，导致一人当场死亡。

经调查，该天中午 12∶30 左右，泥工班组一行十余人准备上班，走到某号楼入口，看到物料提升机的防护门未上锁，一拥而入，准备乘坐物料提升机到顶楼上班。吊笼在上升过程中，一名工人不慎将上半身伸出吊笼，在吊笼与物料提升机外框架的挤压下当场死亡。

事故原因分析：

（1）施工单位项目部虽有三级安全教育记录和安全技术交底，但内容不完整，缺少禁止乘坐物料提升机的相关内容，物料提升机的地面进口围栏也未悬挂相应的禁令标志。

（2）在午休时间，物料提升机没有断电，且地面进口围栏、司机作业间和开关箱均未上锁，任何人都可以随意进入作业间进行物料提升机的操作，违反了《龙门架及井架物料提升机安全技术规范》JGJ88—2010 第 11.0.11 条："作业结束后，应将吊笼返回最底层停放，控制开关应扳至零位，并应切断电源，锁好开关箱。"

（3）物料提升机的吊笼没有进行封闭，违反了《龙门架及井架物料提升机安全技术规范》JGJ 88—2010 第 4.1.8 条第 1 款"吊笼门及两侧立面应全高度封闭"和第 2 款"吊笼门及两侧立面宜采用网板结构，孔径应小于 25mm"的规定。

（4）物料提升机的操作人员未取得特种作业操作证书，属无证操作。

（5）据了解，该项目施工人员乘坐物料提升机不是偶然现象。

调查结论：

（1）施工人员违章乘坐物料提升机是造成该起事故的直接原因。

（2）施工单位管理混乱，使用不符合规范要求的施工机械，作业结束后未按规定切断电源并锁好开关箱等管理缺陷是造成该起事故最主要的原因。

【案例5】

2008 年 10 月某日，福建省某地一建筑工程项目的施工升降机吊笼突然坠落，造成 12 人死亡的重大事故。

据了解，该工程正在进行室内装修和电气设备安装，事故当天施工升降机导轨架发生断裂，吊笼从 22 楼突然坠落，笼内 12 名民工当场死亡。下图为东快网刊登的施工升降机导轨架断裂照片，如附图 1-3。

经福建省建设厅调查：

（1）施工现场设备管理缺位，施工升降机的日常检查、维护与保养严重不到位。

（2）施工升降机加装标准节由无相应施工资质的人员私自安装，标准节之间应由四个 8.8 级高强螺栓连接。但该升降机升高后，最高一道附墙上的标准节连接处只上紧了两组螺栓，由于下班时间已到，安装人员没有将另两组螺栓上紧，并将吊笼和开关箱上锁就下班了。安装人员下班后，施工项目部又没有组织相关人员进行检查。第二天一早，十几个施工人员自己操纵升降机上行，吊笼从 60 多 m 的高处下坠。造成重大事故。

事故原因分析：

（1）施工升降机标准节之间应由四个 8.8 级高强螺栓连接，由于最高一道附墙上的标准节连接处只上紧了两组螺栓，因此当载人吊笼上行至第 44、45 节标准节时，倾覆力矩大于稳定力矩，拉弯了上紧的两组螺栓，致使第 42 节以上四节标准节倾倒，是造成吊笼坠落事故的直接原因。

附图 1-3　施工升降机导轨架断裂照片

（2）施工单位雇佣无相应资质的人员私自进行标准节加装作业，违反了建设部第 166 号令《建筑起重机械安全监督管理规定》第 10 条的规定，是造成事故发生的主要原因。

（3）施工升降机安装完成后，没有组织检查验收，违反了《建筑起重机械安全监督管理规定》第 16 条的规定，是事故发生的重要原因。

（4）施工现场管理制度缺失，施工升降机的日常检查、维护与保养严重不到位，放任无证人员随意进行特种作业，是事故发生的一个十分重要的原因。

【案例 6】

2007 年 2 月某日，杭州市上城区某拆迁安置房工地，正在进行货用升降机拆卸作业，发生一起吊笼坠落导致 4 人死亡的较大安全事故。

据调查，当作业人员拆去了四根曳引钢丝绳，改为用小卷筒单绳牵引吊笼时，已经接近吃饭时间，4 名拆卸作业人员违规从架体顶部乘吊笼下行吃饭，打算饭后继续进行拆卸作业。吊笼在下行过程中，牵引钢丝绳突然卡在滑轮中，操作人员通过倒顺开关调整吊笼的走向，企图将吊笼上行，以便将钢丝绳从滑轮卡住的地方解放出来。结果导致牵引钢丝绳断裂，吊笼从架体顶部坠向地面，4 名作业人员当场死亡。

事故原因分析：

（1）为了节省升降机的拆卸费用，施工单位擅自雇佣无施工安装资质和特种作业操作证书的人员进行升降机拆卸；拆卸前未组织安全施工技术交底；拆卸时未安排专业技术人员、专职安全员进行现场监督。违反了建设部第 166 号令《建筑起重机械安全监督管理规定》第 10 条、第 12 条第 3 款、第 13 条第 2 款的规定，是造成事故发生的主要原因。

（2）升降机拆卸作业人员违反拆卸作业程序、错误使用小卷筒，升降机违规载人，发现钢丝绳卡住后，未迅速从吊笼撤出，反而进行错误操作，是事故发生的直接原因。

（3）防坠器缺少日常的维护、防坠器护罩未能有效阻挡尘土来侵，导致吊笼下坠时，防坠器未能动作，是事故发生的重要原因。

（4）升降机使用说明书中未明确提出对曳引机小卷筒的作用，是导致升降机拆卸作业人员违规作业的原因之一。

发生事故的施工升降机及施工现场如附图 1-4、附图 1-5 所示。

附图 1-4　施工升降机　　　　　　　　附图 1-5　事故施工现场

（二）预防措施

为预防施工升降机安全事故的发生，施工单位和监理机构应依据《建筑机械使用安全技术规程》JGJ 33—2012、《龙门架及井架物料提升机安全技术规范》JGJ 88—2010、《建筑施工升降机安装、使用、拆卸安全技术规程》JGJ 215—2010、《建筑施工高处作业安全技术规范》JGJ 80—2016、《施工现场临时用电安全技术规范》JGJ 46—2005、《建筑施工安全技术统一规范》GB 50870—2013、《建筑施工安全检查标准》JGJ 59—2011 等标准以及有关的规范性文件制定安全生产管理措施，对施工升降机安全运行进行管理或实施监控。这些措施主要针对施工升降机的安装、拆除和运行中容易出现的安全隐患采取系统的防治手段，对施工单位的管理缺陷、人的不安全行为和物的不安全状态进行有效的治理，达到防患于未然的目的。

1. 施工安全管理措施

（1）施工单位应建立由企业主要领导人负责，独立行使安全生产管理职能的部门，安全生产管理部门的人员应按本书第三章第一节第一点的要求组成。

大、中型施工企业应在设备管理部门中设立专业的施工升降机管理岗位。没有能力设立独立的设备管理部门的小型施工企业，也应配备具有施工升降机管理能力的专职安全人员，对施工升降机设备进行管理。

施工现场的安全生产管理机构，应配备具有机电设备管理知识和能力的专职安全员，对施工升降机的安装、拆除、运行和维修保养进行管理。

（2）施工现场应建立完整的安全生产责任制，并认真落实。施工升降机安全管理应重点建立的安全生产责任制包括：特种作业人员持证上岗制度，施工升降机安装、拆除、验收和备案制度，施工升降机安全操作规程，施工升降机安全技术交底制度，施工升降机交接班制度，施工升降机日常检查和维修制度，安全隐患整改制度（施工升降机）等。根据企业的实际情况，有关施工升降机的安全管理制度可以单独编制，也可以和相关的专项方案合并编制。

（3）落实安全检查制度，以施工升降机的安装、拆除、验收、备案和维修保养为主线，重点查处无证操作和违章作业，对检查中发现的安全隐患应及时督促整改，防止和减少安全事故的发生。

（4）施工升降机安装前，施工单位应按本工程的施工组织设计、施工现场环境、道路、设备和构配件的表观特征、规范要求编制《施工升降机安装和拆除专项施工方案》，专项施工方案应考虑地基或支撑结构等因素对升降机安装和运行的影响。

《施工升降机安装和拆除专项施工方案》应当由施工单位技术部门组织本单位施工技术、安全、质量等部门的专业技术人员进行审核。经审核合格的，由施工单位技术负责人签字。

施工升降机的安装和拆除由专业施工单位承包施工的，专项方案应当由总承包单位技术负责人及相关专业承包单位技术负责人签字。

专项方案经施工单位审核合格后报监理单位，由项目总监理工程师审查批准后才能安装。

施工升降机安装需要履行告知程序的，施工单位应到当地建设行政主管部门办理相关的告知手续后才能安装。

（5）负责施工升降机安装和拆除的单位应有建设行政主管部门颁发的资质证书及安全生产许可证。负责施工升降机安装、拆除和操作的人员必须经建设行政主管部门考核合格，取得建筑施工特种作业人员操作资格证书，方可上岗从事相应的作业。

（6）施工升降机安装和拆除前，作业人员应经过系统的三级安全教育培训与施工升降机安装和拆除安全技术交底，未经安全教育培训、技能培训与安装和拆除安全技术交底的施工人员不得进行施工升降机安装作业。

（7）施工升降机安装前，应设置警戒线及明显的警示标志，严禁非操作人员入内。安装作业宜在白天进行，确实需要夜间作业的，应有足够的照明和夜间作业安全防护措施。

安装作业时应有技术人员或安全人员在场监护，防止意外事故的发生。

（8）雨季和冬季进行安装和拆除作业时应有可靠的防滑、防寒和防冻措施。六级以上强风或浓雾、大雨、大雪等恶劣气候应停止安装和拆除作业。大雨、大雪过后作业前，应及时清除水、冰、霜、雪等影响安全的危险因素，确认安全可靠后才能进行作业。

（9）施工升降机安装完成后，应经有相应资质的检验检测机构监督检验。检验检测合格后，施工单位应组织安装、租赁和监理单位进行验收。验收合格后才能使用，并在30天内到当地建设行政主管部门办理使用登记手续。

（10）施工单位应对施工升降机进行定期检查，认真落实日常维护和保养制度，保证设备的正常运行。

2. 人的行为安全

（1）施工升降机的司机、安装和拆除人员应定期进行体检，身体健康且无妨碍从事相应作业的疾病和生理缺陷。

（2）创造良好的生活和工作环境，并加强日常管理，保证作业人员得到充分的休息，关心他们的日常生活和心理健康，使他们保持足够的体力，集中精力做好本职工作。如合理安排作业时间，夏季在驾驶室配置电风扇，冬季注意防寒措施等。防止因气温过高、连续作业造成的疲劳过度或反应变慢，防止因个人生理条件或心理因素造成的注意力下降，从而引起操作不当或误操作等人为因素造成的安全事故。

（3）施工升降机的司机和安装拆除人员应穿防滑鞋，防止在作业时滑倒引起的意外伤害。

安装拆除人员，应佩戴安全带，并将安全带正确悬挂在安全绳上或其他可靠的结构上，防止坠落事故的发生。

作业人员应正确佩戴安全帽，扣好帽带，防止因不戴安全帽或安全帽脱落，造成头部伤害；如在安装、加节或拆除时容易发生的螺丝螺帽、金属垫片和工具掉落、脚手架上的杂物滑落等引起的物体打击事故。应穿着工作服，防止皮肤晒伤、划伤，防止过于宽松的服装影响作业或发生钩挂等意外。

（4）施工升降机安装拆除的人员作业中严禁抛、掷物件和工具，并有专用工具袋放置工具和材料，防止工具或零散材料、物品坠落造成的伤害事故。

（5）禁止酒后操作施工升降机；禁止乘坐人员的头、手伸出吊笼；禁止货运施工升降机载人；禁止施工升降机超载；禁止未关好安全门就开动施工升降机等违章作业。

3. 物的安全状态

（1）在35℃及以上的高温条件下应停止施工升降机的安装和拆除作业，或尽量避免施工升降机的运行。因施工需要在高温条件下作业时，应采取必要的防暑降温防护措施，防止人员在长时间的露天作业过程中发生中暑，引发机械或人身伤害事故。

（2）施工升降机的传动系统、导向与缓冲装置、安全装置和安全开关、附着装置和电气系统的质量应符合国家标准，并进行定期检查，发现问题要立即停止使用并进行修复，确保安全保护装置完好。

严禁操作人员随意调整或拆除安全装置，严禁施工升降机带病作业。

（3）施工升降机的基础应能承受最不利工作条件下的组合荷载，并有排水措施，防止基础积水降低地基的承载力。施工升降机如果直接安装在地下室顶板等混凝土结构上，应经原设计单位验算或采取必要的加固措施。

（4）施工升降机应设置高度不低于1.8m的围护栏杆，围护栏杆应有足够的抗冲击强度，其登机门应装有机械连锁装置和电气安全开关，防止施工人员乱停吊笼、乱开登机门引发的事故，保证运行安全。

（5）各楼层应设置向建筑物一侧开的层门，层门的高度、宽度和强度，层门与吊笼门的距离，层门的周边栏杆等应符合安全可靠的原则。层门应与吊笼进行电气或机械联锁，并在适当的位置安装呼叫装置。人货两用施工升降机的层门应由吊笼内人员开关，防止人员高处坠落事故发生。

（6）人货两用施工升降机宜使用齿轮齿条式传动系统。为提高机械的安全性，尽可能避免采用钢丝绳式传动系统，不使用摩擦式卷扬机。

货用施工升降机采用钢丝绳传动时，应有排绳措施，能使钢丝绳在卷筒上按顺序整齐排列，绳端部与驱动卷筒压紧装置连接牢固。当吊笼处于最低位置时，卷筒上的钢丝绳不少于3圈；当吊笼处于最高位置时，卷筒两侧的边缘应高出钢丝绳直径的两倍。

（7）施工升降机制动器的制动力矩应满足规范和产品说明书的要求。人货两用施工升降机的制动器应具有手动松闸功能，并确保其动作灵敏、安全可靠。

（8）人货两用施工升降机应采用速度触发式防坠安全器，货用施工升降机应设置防松绳和断绳保护的安全装置。防坠安全器的动作速度和制动距离应符合规范的要求，并不得超过有效标定期。

（9）施工升降机应设有限位开关、极限开关和防松绳开关。限位开关和极限开关应使用不同的触发元件。

当吊笼行程越过极限开关时，极限开关应立即动作，切断电源迫使吊笼停止。

当钢丝绳松弛时，防松绳开关应立即切断电源，使制动器对吊笼制动。

（10）当施工升降机荷载达到额定起重量的90％时，起重量限制器应发出警示信号；达到额定起重量的110％时，起重量限制器应切断上升主电路电源。

（11）当施工升降机的架体安装高度在30m及以上时应采用揽风绳或设置附着装置，防止架体倾覆。施工升降机的自由端高度和附着装置的间距应符合产品说明书的要求。

（12）禁止导轨架或附墙架上有人作业时，开动施工升降机。禁止施工升降机在运行中进行保养和维修。

四、高空作业安全事故的预防

（一）案例

【案例7】

2013年1月某日，杭州市余杭区某工程一期Ⅱ标段发生一起高处坠落事故。事故发生经过如下：

幕墙施工单位一工人按照队长指派，未佩戴安全带到某号楼中庭进行开启窗配件的安装工作。为贪图方便，作业人员将人字梯直接斜靠在窗边的骨架上，爬上梯子进行施工。在作业过程中，梯子下端发生滑移，作业人员重心失稳，从5层窗口翻出，坠落地面死亡。

经调查：

（1）施工单位提供的该作业人员的三级安全教育记录存在明显的造假痕迹，且不能提供持证上岗和身体健康的证明，违反了《建筑施工高处作业安全技术规范》JGJ 80—2016第2.0.2条"施工前，应逐级进行安全技术教育和交底，落实所有安全技术措施和人身防护用品，未经落实不得进行施工"和第 2.0.4 条攀登作业人员"必须经过专业技术培训及专业考试合格，持证上岗，并必须定期进行体格检查"的规定，是造成事故的主要原因。

（2）作业人员将人字梯直接斜靠在窗边的骨架上，未采取任何安全措施就爬上梯子进行施工，违反了《建筑施工高处作业安全技术规范》JGJ 80—2016 第 4.1.5 条"梯子的上端应有固定措施"和第 4.2.8 条"在高处外墙安装门、窗，无外脚手时，应张挂安全网，无安全网时，操作人员应系好安全带，其保险钩应挂在操作人员上方的可靠物件上"的规定，违章作业是导致该次事故的直接原因。

【案例 8】

2010 年 8 月某日下午 5：20 左右，杭州市钱江新城某地块综合楼项目，一名钢结构施工人员在安装钢桁架模板时，失足从 10m 高空坠落，当场死亡。

经调查，施工单位的三级安全教育记录齐全，进入施工现场的作业人员均按规定佩戴了安全带和安全帽；作业前进行了班前教育，并按专项方案的要求布置了安全绳，施工单位的各项安全技术措施到位。

在铺设标高 10m 的门厅楼面最后二块长度为 2.5m 的钢桁架模板时，由于作业进入尾声，为了早一点下班，一名施工人员解开安全带，独自一人抱起重约 25kg 的模板进行安装。由于钢桁架模板的表面是三角形的钢筋网架，在走到模板安装洞口附近时，不慎脚下一绊，连人带模板从 1m 左右宽的洞口坠落，当场死亡。

事故原因分析：

施工人员没有按照施工安全技术交底中明确规定的模板安装时必须二人一起作业的要求，独自一人进行安装（由于独自一人施工时安全带的长度不足，只有解开安全带才能作业），没有使用安全带，违章作业是导致事故发生的主要原因。

专职安全员没有及时发现和制止施工人员的违章作业，反映了施工单位现场的安全管理存在一定的缺陷，是造成事故的次要原因。

对于钢桁架模板施工工艺，由于没有相应的施工验收规范，施工、监理等相关单位的技术人员对新工艺的安全技术措施认识不足，仅是按照产品生产厂家的要求设置了安全绳和安全带，没有充分考虑到钢桁架模板表面特征对安全生产的特殊影响，在高大空间施工时没有增设安全网等措施。对新工艺的认识不足也是事故发生的重要原因。

【案例9】

2014年4月某日，杭州市某新城一在建工程发生一起高空坠落事故，导致一人死亡。

经调查，当天下午，一名作业人员正在16层从事加气混凝土砌块的搬运工作，忽然感到内急。如果下楼去大便，上、下楼层需要不少时间，影响工效，因此，该工人想就地解决问题。因为该项目制定了比较严格的文明施工奖惩措施，并在施工现场实行了班组负责制，只要发现随地大便的每次罚款200元，16层正在进行砌体施工，该工人不可能明目张胆地违反规定进行大便。但该工人知道15层的核心筒位置的砌体已经完成，没有施工，为了省电，施工单位没有打开照明设施，且15层的楼道灯正好失效，可以在15层找到一个隐蔽的地方。

由于该项目正在进行高层升降机安装（升降机在35层以下不停靠），升降机安装单位拆除了升降机井道内的分层水平防护，同时在建筑设计和设备采购时均没有考虑到《升降机工程施工质量验收规范》GB 50310—2002第4.2.3条第3款强制性条文的要求，施工单位在15层将升降机井道的防护墙拆开，加设井道安全门。墙体拆开后，因为后续还要施工，施工单位只用脚手片简单地进行遮盖，没有进行固定。

为了不被罚款，该名工人走到15层，拿开脚手片，爬上40cm高的墙体，脱下裤子，蹲下后进行大便，不幸坠落身亡。

事故原因分析：

该工人故意违反规定，拿开脚手片，爬上因拆除墙体从而导致松动的砌体向升降机井道内大便，造成重心失稳坠落，是事故发生的直接原因。

施工单位没有在施工现场安排足够的照明；升降机井道开洞后没有按规定进行有效的固定防护；在高层建筑施工时缺少人性化的文明施工措施；总承包企业对升降机安装单位的安全生产措施监管不力等是事故发生的主要原因。

施工单位的三级教育不到位，专职安全员人数的配备不符合相关规定，没有及时发现安全隐患是事故发生的重要原因。

（二）预防措施

为预防高空作业安全事故的发生，施工单位和监理机构应依据《建筑施工高处作业安全技术规范》JGJ 80—2016、《施工现场临时用电安全技术规范》JGJ 46—2005、《建筑施工安全技术统一规范》GB 50870—2013、《建筑施工安全检查标准》JGJ 59—2011等标准以及有关的规范性文件制定安全生产管理措施，对高空作业施工安全进行管理或实施监控。这些措施主要针对高空作业容易出现的安全隐患采取系统的规范性防治手段，对施工单位的管理缺陷、人的不安全行为和物的不安全状态进行有效的治理，达到防患于未然的目的。

1. 施工安全管理措施

（1）施工单位首先应建立由企业主要领导人负责，独立行使安全生产管理职能的部门，并建立施工项目安全生产管理机构。安全生产管理部门和机构的人员应按本书第三章第一节第一点的要求组成，施工项目的专职安全员应按规定实时到岗履职。

（2）施工现场应建立完整的安全生产责任制，并认真贯彻落实。高空作业应重点建立的安全生产责任制包括：高空作业安全操作规程、高空作业安全技术交底制度、特种作业人员持证上岗制度、施工洞口和临边防护制度、劳动保护用品管理和使用制度、高空作业安全巡查制度、安全隐患整改制度（高空作业）等。

有关高空作业的安全管理制度要有针对性，不能生搬硬套。根据企业和施工项目的实际情况，这些制度可以单独编制，也可以和相关的专项方案合并编制。

（3）落实安全检查制度，以正确使用劳动保护用品、落实临边和洞口防护和安全技术交底为主线，重点查处和纠正违章作业，对发现的安全隐患及时进行整改。当隐患危及人身安全时，应立即停止施工，采取必要的措施防止和减少安全事故的发生。

（4）大、中型项目开工前，施工单位应按本工程的施工现场环境、结构特征、施工工艺、施工组织设计和规范要求编制《高空作业专项施工方案》。

《高空作业专项施工方案》应当由施工单位技术部门组织本单位技术、安全、质量等部门的专业技术人员进行审核。专项方案经施工单位审核合格，由施工单位技术负责人签字报监理单位，由项目总监理工程师审核批准后实施。

未单独编制《高空作业专项施工方案》的小型项目，施工组织设计中应有完整的高处作业的安全技术措施及作业所需的料具清单。

超过一定规模的危险性较大分部分项工程中的高空作业技术措施应并入专项施工方案一起提交专家进行论证。

（5）在高空中进行特种作业的人员，如架子工、电焊工和起重吊装司机、司索、信号工等人员必须经建设行政主管部门考核合格，取得建筑施工特种作业人员操作资格证书，方可上岗从事相应的作业。

（6）高空作业前，施工人员应经过系统的三级安全教育培训与相应的安全技术交底，并经考核合格后才能上岗作业。未经安全教育培训、技能培训与交底的施工人员不得进行高空作业。

（7）高空作业前，应划定安全区域，设置警戒线及明显的警示标志，严禁非操作人员入内。

高处作业需要使用的安全标志、工具、仪表、电气设施和各种设备应在施工前加以检查确认其完好，才能投入使用。

高空作业应有组织地进行，宜在白天作业，确实需要夜间进行的，应有足够的照明。

专职安全员应加强对高空作业的巡视检查，对危险性较大分部分项工程中的高空作业，应有技术人员或安全人员在场监护，防止意外事故发生。

（8）雨季和冬季进行高空作业时，应有可靠的防滑、防寒和防冻措施。六级以上强风或浓雾、大雨、大雪等恶劣气候应停止高空作业。大雨、大雪过后作业前，应对高处作业安全设施逐一加以检查和修理，及时清除水、冰、霜、雪等影响安全的危险因素，确认安全可靠后才能进行作业。

2. 人的行为安全

（1）所有从事高空作业的人员应定期进行体检，身体健康且无妨碍从事相应作业的疾病和生理缺陷。

（2）施工单位应文明施工，施工现场应保持场地整洁，道路畅通，材料堆放整齐，各种防护措施到位，有序施工。

生活区设施齐全，并加强日常管理。给施工人员创造良好的生活和工作环境，保证他们在下班以后得到充分的休息。同时关心他们的生活，及时解决遇到的困难和心理问题，使他们在工作中保持充沛的体力，集中精力做好本职工作。如夏季在宿舍区统一安装空调，冬季注意防寒措施，建设卫生条件符合要求的员工食堂等。

（3）合理安排作业时间。夏季要避免高温条件下的露天作业，防止中暑；防止因连续作业造成的疲劳过度或反应变慢；防止因个人生理条件、心理因素造成的注意力下降，操作不当或误操作等人为因素造成的安全事故。

（4）高空作业人员应正确使用个人防护用品。进入施工现场应穿防滑鞋，防止滑倒引起的意外伤害；应正确佩戴安全帽，扣好帽带，防止坠落物造成头部伤害；作业时应佩戴安全带，并将安全带正确悬挂在安全绳上或其他可靠的结构上，防止人员坠落事故的发生；应穿着工作服，防止皮肤晒伤、划伤，防止过于宽松的服装影响作业或发生钩挂等造成的意外伤害。

（5）高空作业人员应有专用工具袋放置工具和材料，并严禁在作业中抛掷物件和工具，防止工具、材料或物品坠落造成的物体打击伤害事故。

（6）高空作业人员应从规定的通道进入作业地点。禁止酒后进行高空作业现场；禁止攀登阳台等非规定通道进入施工场所；禁止利用吊车臂架等施工设备进行攀登；禁止上下梯子时背向梯子；禁止手持器物进行攀登。

3. 物的安全状态

（1）高温季节（35℃以上）露天进行高空作业时应有可靠的防暑降温措施，防止中暑引起的疾病、坠落或打击事故。

（2）在搭设与拆除防护棚前，应设置警戒区并派专人监护，防止人员误入发生物体打击事故。禁止在搭设或拆除防护棚时垂直交叉作业。

（3）在基坑周边，尚未安装栏杆或栏板的阳台、料台与挑平台周边，雨篷与挑檐边，无外脚手架的屋面与楼层周边及水箱与水塔周边等，均应设置防护栏杆。

（4）分层施工的楼梯口和梯段边，施工升降机和脚手架与建筑物连接通道的两侧，应安装防护栏杆。施工现场的人行通道应搭设防护棚，防护棚宜采用双层设防，具有一定的抗冲击强度。

（5）防护栏杆至少由上、下两道横杆及栏杆柱组成。上杆离地高度为 1～1.2m，下杆离地高度为 0.5～0.6m；当横杆长度大于 2m 时，中间应加设栏杆柱。

在坡度大于 1：22 的屋面，防护栏杆不小于 1.5m，并加挂安全立网。

（6）防护栏杆宜采用直径 48mm 钢管，并满足一定的强度要求，上杆任何处能经受任何方向 1kN 的外力。当栏杆所处位置有可能发生人群拥挤或物件碰撞等时，应加大横杆截面或加密柱距。

（7）所有的防护栏杆（包括卸料平台两侧的栏杆）必须用安全立网自上而下封闭。没有采用安全网封闭的，应在栏杆下边设置严密固定的挡脚板。

挡脚板高度不得低于 18cm，板上孔眼不得大于 25mm，板下边距离底面的空隙不得大于 10mm。

（8）当临边的外侧面临街道时，除防护栏杆外，敞口立面应采取满挂安全网或其他全封闭处理措施，并在行人通道处搭设水平防护棚。

（9）建筑物的板、墙上预留的洞口，应设置牢固的防护设施。如盖板、防护栏杆、安全网等，防止人员坠落。

施工升降机的井口必须设置防护栏杆或固定栅门；电梯井内宜每层设一道安全网；应每隔两层并最多隔 10m 设一道安全网。

预应力管桩、钢管桩和钻孔桩等桩孔的上口，杯形、条形基础的上口，未填土的坑槽，以及人孔、天窗、地板门等处，均应采取稳固可靠的防护措施。

边长 150cm 以上的洞口四周在设置防护栏杆的同时，应在洞口下张设安全平网。

预留的洞口和井口应随着建筑结构和安装工程的施工及时封闭。

（10）施工现场通道附近的各类洞口与坑槽等，应设置防护设施（如栏杆、盖板、安全网等）、安全标志和夜间示警灯。

（11）位于车辆行驶道路及路边的洞口、深沟与管道坑、槽上方加设的盖板要有足够的强度，盖板强度应按施工现场最大额定卡车后轮承载力的 2 倍计算。

（12）低于 80cm 的窗台、对人与物有坠落危险性的竖向孔、洞口，均应加设高度为 1.2m 的临时护栏。临时护栏应有固定位置的措施，不能让人随意移动。

（13）攀登用的工具，结构构造应牢固可靠。在登高梯上进行有荷载作业时，登高梯的强度应经过验算。

（14）使用立梯时，梯脚的底部必须坚实，并不得垫高使用。梯子的踏板不得有缺档，且上端有固定措施。

梯子需接长使用时，应有可靠的连接措施，且接头最多只能 1 处。连接后梯梁的强度不得低于单梯梯梁的强度。

（15）固定式直爬梯应采用金属材料制成，且宽度不大于 50cm；支撑材料一般采用不小于 L70×7 的角钢；梯子顶端踏棍的高度应与攀登面齐平，并加设 1～1.5m 的扶手。

使用超过 8m 的直爬梯进行攀登作业时，梯子中间需设置梯间平台。爬梯的预埋件宜埋设在混凝土构件中，并与爬梯焊接牢固。

（16）需要在安装的钢结构构件上行走时，可采用钢丝绳代替防护栏杆，行走时将安全带挂在钢丝绳上。

（17）悬空作业时，施工人员必须有可靠的立足处，并根据具体情况配置防护网、栏杆或其他安全设施。

悬空作业使用的索具、脚手板、平台等设施，应通过施工项目的技术负责人或专职安全员的验收。

使用的吊篮、吊笼等设备，应通过有资质的检测单位检测合格，按规定备案后才能使用。

（18）作业人员悬空进行钢筋绑扎或安装钢筋骨架时，必须搭设脚手架或马道。

在绑扎圈梁、挑梁、挑檐、外墙和边柱等钢筋时，应搭设操作台架和张挂安全网。

对悬空大梁进行钢筋绑扎，必须在满铺脚手板的支架或操作平台上操作。

（19）作业人员悬空进行混凝土浇筑时的，应遵守下列规定：

浇筑离地 2m 以上框架、过梁、雨篷和小平台时，应设操作平台，不得直接站在模板或支撑件上操作。

浇筑拱形结构，应自两边的拱脚对称、相向进行，保持支模架均衡受力。

浇筑储仓结构，下口应先行封闭，并搭设脚手架以防人员坠落。

特殊情况下如无可靠的安全设施，作业人员必须系好安全带并扣好保险钩，或采取架设安全网等措施保证安全。

（20）悬空进行门窗作业时，必须遵守下列规定：

安装门窗、玻璃及油漆时，严禁操作人员站在樘子、阳台栏板上操作。

在门窗临时固定的情况下，或封填材料未达到强度时，以及电焊作业，严禁手拉门窗进行攀登。

高处外墙安装门窗无外脚手架时，应张挂安全网。无安全网时，操作人员应系好安全带，其保险钩应挂在操作人员上方的可靠物件上。

进行各项窗口作业时，操作人员的重心应位于室内，不得在窗台上站立，必要时应系好安全带进行操作。

（21）移动式操作平台，应遵守下列规定：

装设轮子的移动式操作平台，轮子与平台的接合处应牢固可靠，立柱底端离地面不得超过 80mm，轮子应有制动装置，防止在外力作用下发生移动。

操作平台四周必须按临边作业要求设置防护栏杆，并布置登高扶梯。

五、人工挖孔桩安全事故的预防

（一）案例

【案例 10】

2010 年 5 月某日，浙江省义乌市某中学扩建工程在进行人工挖孔桩施工时，发生一起气体中毒事故，导致一人死亡。

经调查，某中学扩建工程的人工挖孔桩的桩长在 15 ~ 18m 之间，地质勘探资料显示，该区域地面以下的 14 ~ 17m 之间局部分布有淤泥质土，厚度在 3 ~ 5m 之间不等。该工程的桩基工程施工已进入尾声，原本在 3 天前就应该结束，当最后一根桩挖到 14m 左右时，突然天降大雨，停止了施工。阴雨天连续下了 3 天，雨止后的早晨，2 名工人来到该号桩孔前，准备进行最后一根桩的收尾工作。按照惯例，一名工人用麻绳捆住腰部，沿着井壁下到井底进行施工，另一名工人在井口边进行吊运土方。大约十分钟后，井口边的工人发现井底作业的工人已经晕倒，立即组织抢救，但为时已晚。

事故原因分析：

据向当地居民了解，该地块原有鱼塘和农田，存在大量的有机物，填埋后腐烂发酵形成了沼气。前期施工之所以没有发生中毒窒息现象，可能由于人工挖孔桩施工点多，加上沼气的总量不是很大，因此，聚集的量和速度不至于使人窒息。但由于桩基施工到最后一根，有害气体的散发点少，且恰遇连续阴雨，给沼气的聚集提供了机会。施工区域存在有害气体是事故发生的客观原因。

（1）施工单位未按《建筑桩基技术规范》JGJ 94—2008 第 6.6.7 条第一点的要求在人工挖孔桩内设置应急软爬梯供人员上下，当发现人员窒息晕倒后，给救援工作带来了困难，延长了救援时间，是造成人员死亡的一个不可忽视的原因。

（2）施工单位未按《建筑桩基技术规范》JGJ 94—2008 第 6.6.7 条第二点的规定："每日开工前必须检测井下的有毒、有害气体，并应有足够的安全防范措施。当桩孔开挖深度超过 10m 时，应有专门向井下送风的设备，风量不宜少于 25L/S。"进行作业前的有毒、有害气体检测，没有对井下作业进行送风，是导致人员死亡的主要原因。

（3）施工单位未对作业人员进行班前教育和安全技术交底，是造成施工人员安全意识薄弱，不注意个人防护甚至违章作业是本次事故的重要原因。

（二）预防措施

为预防人工挖孔桩施工安全事故的发生，施工单位和监理机构应依据《建筑地基基础工程施工质量验收规范》GB 50202—2002、《建筑桩基技术规范》JGJ 94—2008、《建筑机械使用安全技术规程》JGJ 33—2012、《施工现场临时用电安全技术规范》JGJ 46—2005、《建筑施工安全技术统一规范》GB 50870—2013、《建筑施工安全检查标准》JGJ 59—2011 等标准以及有关的规范性文件制定安全生产管理措施，对人工挖孔桩施工安全进行管理或实施监控。这些措施主要针对人工挖孔桩作业过程中容易出现的安全隐患采取系统的规范性防治手段，对施工单位的管理缺陷、人的不安全行为和物的不安全状态进行有效的治理，达到防患于未然的目的。

1. 施工安全管理措施

（1）施工单位首先应建立由企业主要领导人负责，独立行使安全生产管理职能的部门，并根据工程的特点建立相应的项目安全生产管理机构。安全生产管理部门和机构的人员应按本书第三章第一节第一点的要求组成，施工项目的专职安全员应按规定实时到岗履职。

（2）施工现场应建立完整的安全生产责任制，并认真贯彻落实。人工挖孔桩应重点建立的安全生产责任制包括：人工挖孔桩安全操作规程，人工挖孔桩安全技术交底制度，人工挖孔桩日常检查和监护制度、安全隐患整改制度（人工挖孔桩）等。根据企业和施工项目的实际情况，有关人工挖孔桩的安全管理制度可以单独编制，也可以和相关的专项方案合并编制。

（3）落实安全检查制度，以井口通风、工序验收、施工监护和安全技术交底为主线，重点纠正违章作业，对发现的安全隐患及时整改。当隐患危及人身安全时，应停止施工，采取消除或控制隐患发展的措施，防止或减少安全事故的发生。

（4）人工挖孔桩开工前，施工单位应按本工程的施工现场环境、挖孔桩的施工工艺、施工组织设计和规范要求编制《人工挖孔桩专项施工方案》。

《人工挖孔桩施工方案》应当由施工单位技术部门组织本单位施工技术、安全、质量等部门的专业技术人员进行审核。经审核合格的，由施工单位技术负责人签字。

不需要专家论证的专项方案，经施工单位审核合格后报监理单位，由项目总监理工程师审核签字。

深度超过16m的人工挖孔桩施工专项方案应经专家论证。施工专项方案论证后，专家组应当提交论证报告，对论证的内容提出明确的意见，并在论证报告上签字。该报告作为修改和完善施工专项方案的指导意见。

施工单位应当根据论证报告修改完善施工专项方案，并经施工总承包单位和专业施工单位的技术负责人、项目总监理工程师、建设单位项目负责人签字后，组织实施。

（5）人工挖孔桩施工前，施工人员应经过系统的三级安全教育培训与相应的安全技术交底，并经考核合格后才能上岗作业。未经安全教育培训、技能培训与交底的施工人员不得进行挖孔桩作业。

（6）人工挖孔桩每天作业前，应根据当天的作业内容进行班前安全教育，并划定施工安全区域，设置警戒线及明显的警示标志，防止车辆和非操作人员进入施工安全管理区。

人工挖孔桩作业应在白天进行，并有组织地进行。施工时井上应有人员在场看守，禁止单独一人进行作业。

专职安全员应加强对人工挖孔桩作业环境的巡视检查，防止意外事故发生。

（7）每日开工前，专职安全员应对井下是否有有毒、有害气体进行检测，确认安全后，才能允许下井作业。

下井作业前，应对施工需要的安全标志、工具、登高梯、安全绳、电气设施和各种设备加以检查，确认其完好才能进行施工。

（8）人工挖孔桩施工期间，施工单位应对周围的建（构）筑物、道路、管线等定期进行变形观测，发现异常情况时，应立即停工并采取相应的补救措施。

2. 人的行为安全

（1）从事人工挖孔桩作业的人员应定期进行体检，身体健康，能适应井下作业，且无妨碍从事相应作业的疾病和生理缺陷。

（2）人工挖孔桩作业应文明施工。现场的材料、工具和设备应摆放整齐，及时清运挖出的土石方，保持场地整洁，道路畅通。

人工挖孔桩的各项防护措施到位，并有序施工。

加强对生活区的日常管理，有营造良好的生活和工作环境，使施工人员在工作中保持充沛的体力，集中精力做好本职工作。

（3）合理安排作业时间。避免因环境狭窄单调、通风条件差、连续作业导致的疲劳过度或反应变慢，注意力下降，从而引起操作不当或误操作等人为因素造成的安全事故。

（4）人工挖孔桩作业人员应正确使用个人防护用品。进入作业场所应穿绝缘雨靴，防止长期的水中作业对身体的损害，防止电缆或电气设备漏电引起触电伤害。应穿着工作服，防止划伤，防止过于宽松的服装影响作业或发生钩挂等造成的意外伤害。

作业时正确佩戴安全帽，扣好帽带，防止土石方在吊运过程中坠落物造成的头部伤害。

在上下桩孔时，应正确使用安全带、安全绳和软爬梯，防止人员坠落事故的发生。

（5）禁止酒后进行人工挖孔桩作业。

（6）挖孔作业中，应严格执行操作规程，均匀开挖。发现涌水、护壁开裂、塌方等异常现象时应停止施工，并向负责人报告，采取措施后才能继续施工。

3. 物的安全状态

（1）正在施工的人工挖孔桩 5m 范围内的道路应有安全警示标牌，禁止载重车辆驶入；孔口四周应设置高度不小于 0.8m 的栏杆。

（2）当人工挖孔桩的净距小于 2.5m 时,应采用间隔开挖或跳挖的施工方法。间隔开挖或跳挖时，相邻桩的最小施工净距不小于 4.5m。在软弱土层中进行人工挖孔桩施工时，相邻桩的施工净距应符合设计要求。

（3）人工挖孔桩的开挖深度超过10m时，应配备专门的向孔内送风的设备，送风量一般不得小于25L/S。

（4）为保证施工安全，人工挖孔桩的混凝土护壁应有足够的强度。护壁的厚度一般不小于100mm，混凝土强度与桩身强度相等且不低于C25，配筋和拉结钢筋应符合设计和施工规范的要求。

（5）为防止地面石子等杂物坠落造成的伤害，人工挖孔桩第一节护壁井圈的顶面至少应高出自然地面100mm。

（6）考虑到施工荷载的不利影响，第一节护壁井圈的井壁厚度至少比下面井壁厚度增加100mm。

（7）人工挖孔桩开挖时，应做到随挖随运，禁止在孔口周边1m范围内堆放土石方。在孔口的1m范围以外堆放机具和材料时，不得超过设计允许荷载。

（8）为保证施工质量，人工挖孔桩护壁的上、下节搭接长度应符合设计要求，且不小于50mm。每节护壁的混凝土施工应连续进行，不得中断，且确保混凝土振捣密实。护壁混凝土模板的拆除应符合设计和规范要求，且不得早于灌注完成后24天。

（9）施工现场的电源、电路、设备的安装应符合《施工现场临时用电安全技术规范》JGJ 46—2005的规定，相关要求参见"临时用电安全事故的预防"。

（10）电葫芦、吊笼应配备自动卡紧保险装置，其起吊能力和安全系数应按专项施工方案的要求配置，经检测合格验收后方能使用。

（11）人工挖孔桩内应设置软爬梯。禁止作业人员使用麻绳和尼龙绳吊挂，脚踏井壁凸缘上、下。禁止作业人员乘坐电葫芦、吊笼。

（12）当渗水量过大时，应采取场地截水或降水等措施，禁止在桩孔中边抽水、边开挖、边灌注混凝土。

（13）施工过程中遇到流动性淤泥和涌土、涌沙时，应向相关负责人报告，不得盲目蛮干，不得瞎指挥。当危及人身安全时，应立即停止施工，撤离现场，采取有效的措施后才能继续施工。

六、基坑围护和土方开挖安全事故的预防

（一）案例

【案例11】

2011年11月某日，杭州市某工程发生了基坑坍塌事故，100多m基坑倾斜，围护桩与土体之间出现30～50cm的裂缝，西侧坑底涌土高度达3m左右。混

凝土支撑梁出现大量的裂缝，钢支撑梁严重变形。如附图1-6、附图1-7所示。

附图1-6　混凝土支撑梁出现大量的裂缝，钢支撑梁变形

附图1-7　格构柱植筋松动，变形

该工程地下二层，淤泥质土，基坑开挖深度12m（不包括坑中坑深度），采用混凝土排桩内支撑结构围护体系。原设计为二道混凝土支撑，施工过程中发现土体深层位移过大，设计单位出具联系单，增设一道钢支撑，钢支撑通过格构柱与混凝土梁连接组成复合支撑体系，每根格构柱用4根直径16的钢筋用植筋的方式固定在混凝土梁上。工程南侧为河流，西侧为另一在建工程，两个工程之间约12m宽，是西侧工程主要的土方和材料运输施工便道，碎石泥结路面。

经调查：

（1）围护设计方案和施工方案均经过专家论证，施工图图审手续完备。但当基坑土体深层位移过大，设计单位和施工单位采取钢、混凝土复合支撑体系这一加固措施，属重大设计变更，没有按《危险性较大的分部分项工程安全管理办法》（建质[2009]87号）第十四条的规定重新进行论证，给基坑施工带来了重大安全隐患。

（2）格构柱与混凝土梁的连接方式不可靠。根据设计要求，每根钢筋的连接力为10kN，1根格构柱的抗拉拔力为40kN。从支撑破坏情况来看，大部分格构柱的植筋出现松动，严重的甚至连根拔起，如附图1-7。

（3）基坑西侧的施工便道荷载过大。经测试，相邻工程的土方运输车辆满载重量达到700kN，远远超过设计不超过15kN的要求。

事故原因分析：

（1）围护结构施工变更程序错误，责任主体发现基坑存在重大安全隐患时没有采取积极有效的措施，管理混乱是事故发生的主要原因。

（2）基坑的设计和加固措施存在一定的缺陷，如在明知西侧是运输道路荷载大大超过设计标准时没有采取加固措施，钢和混凝土复合支撑的受力体系不明确、连接方式不可靠，施工图没有明确的保证施工安全的要求等。这些缺陷是造成事故的重要原因。

（3）基坑监测孔深度不足，监测数据与实际情况可能存在差异，土体位移实测数据可能偏小。监测数据不能反映土体位移的实际情况，误导了施工、监理单位人员的判断，也是事故发生的重要原因。

【案例12】

2012年10月，浙江省某市某工程发生基坑坍塌事故，坍塌路段路面下沉约1.5m，围护桩外移约1m。该工程为地下三层，粉质黏土，位于金融开发区，四周均为在建项目，基坑西侧20m外为某银行项目，且与本工程同步进行基坑围护施工。围护体系采用预应力钢索加钻孔灌注桩的拉锚式支挡结构。由于工程面临城市主要街道，基坑西侧的施工道路成为其他施工单位运输建筑材料和土方的主要通道。附图1-8为事故现场。

附图1-8　事故现场

经调查，该工程基坑与某银行基坑相距为 20m，因为施工需要，施工单位在某银行基坑东侧搭建了一排临时用房，并修建了一条 2.5m 宽的施工道路，因此，西侧道路的外边线距本基坑只有 2.5m。大量的建筑材料如钢材、水泥、混凝土和土方运输车辆源源不断地通过施工道路。由于众所周知的原因，这些材料和土方运输车辆常常严重超载，据现场观察，相当一部分车辆的超载量甚至超过 100%，大大超过基坑围护设计荷载的要求。

由于大量动荷载的影响，基坑安全受到严重威胁，某银行施工监理单位向建设单位提交了书面报告，要求业主协调对这一施工道路进行封闭。某银行收到监理单位的报告后，十分重视，以文件形式向开发区报告，请求开发区建设行政主管部门采取措施。考虑到各方面的因素及其他建设项目的需要，当地建设行政主管部门没有满足某银行的要求。

事故原因分析：

（1）基坑西侧施工道路荷载过大是造成本次事故的直接原因。

（2）监测单位未按《建筑基坑工程监测技术规范》GB 50497—2009 第 4.2.1 条的规定内容进行基坑监测，未按第 4.3.1 条、4.3.2 条对基坑进行巡视检查，且基坑监测数据不真实，对基坑安全状态进行误判，是事故发生的主要原因。

（3）当地政府办事机构接到建设单位的书面报告后，对安全隐患的严重性认识不足，没有采取必要的措施防止事故的发生，是事故发生的重要原因。

（4）施工单位没有按施工方案的顺序和要求进行施工，施工记录不完整、不真实；监理单位没有审查监测方案，对施工单位和监测单位的主体行为没有实施有效的监督，也是事故发生的重要原因。

【案例 13】

2008 年 11 月 15 日，杭州地铁萧山湘湖车站北二基坑发生施工塌方事故，风情大道 75m 路面坍塌，下陷 15m，正在路面行驶的约 11 辆车陷入深坑。

北二基坑长 106m，标准段宽度 21.5m。围护结构为地下连续墙，墙厚 800mm，深度为 31.5～34.5m，基坑深度为 15.5m。标准段钢支撑为四层、端头井位置钢支撑为五层；基坑中部沿长度方向（南北方向），设计格构柱和连续钢梁以支撑加固水平钢管支撑。当天下午，50 余人正在基坑内进行施工作业，基坑基底突然失稳，致使基坑西侧风情大道路面下沉，导致西侧连续墙断裂，基坑坍塌，东侧河水及西侧风情大道下的污水、自来水管破裂后的大量流水立即涌进基坑，积水深达 9m。事故造成 21 人死亡，4 人重伤，20 人轻伤，直接经济损失 4961 万元。附图 1-9 为事故现场。

附图 1-9　事故现场

事故原因分析：

（1）施工单位违规施工、冒险作业、基坑严重超挖；支撑系统存在严重缺陷且钢管支撑架设不及时；垫层未及时浇筑；监测单位施工监测失效，施工单位没有采取有效补救措施是事故发生的直接原因。

（2）施工单位项目经理长期缺位，项目总工程师、施工员不具备任职条件；劳务组织管理和现场施工管理混乱，员工安全教育不落实。项目负责人不重视安全生产，违章指挥，冒险施工；对监理单位提出的北 2 基坑底部和基坑端头井部位地连墙有侧移现象，以及监测单位不负责任，监测数据失真等重大安全隐患，都未引起重视和采取相应措施。特别是在发现地表沉降及墙体侧向位移均超过设计报警值、风情大道下陷、开裂等严重安全隐患后，仍没有及时采取停工整改等防范事故的措施。是事故发生的最主要原因。

（3）施工单位没有严格按照设计工况进行土方开挖。为抢工期，在土方超挖 9m 时，没有及时施加支撑，导致支撑轴力、地下连续墙的弯矩及剪力大幅度增加，超过围护设计条件。现场钢支撑安装不规范，活络头节点承载力不满足强度性能要求；钢管支撑与工字钢系梁的连接不满足设计要求，钢立柱之间也未按设计要求设置剪刀撑；部分钢支撑的安装位置与设计要求差异较大；钢支撑与地下连续墙预埋件未进行有效连接，降低了钢管支撑的承载力和支撑体系的总体稳定性等。是事故发生的主要原因之一。

（4）监测单位的基坑监测内容及测点数量不满足规范要求，并提供伪造的监测数据。是事故发生的重要原因。

（5）监理单位未按设计和规范要求实施监理、未按规定程序进行验收，对施工单位的违法违规行为制止不力，是导致事故的重要原因之一。

（6）建设单位任意压缩合理工期，要求施工单位执行不合理的节点工期要求，也是事故发生的重要原因。

（二）预防措施

为预防基坑围护和土方开挖施工安全事故的发生，施工单位和监理机构应依据《建筑地基基础工程施工质量验收规范》GB 50202—2002、《建筑桩基技术规范》JGJ 94—2008、《建筑基坑支护技术规程》JGJ 120—2012、《建筑边坡工程技术规范》GB 50330—2013、《建筑机械使用安全技术规程》JGJ 33—2012、《施工现场临时用电安全技术规范》JGJ 46—2005《建筑施工安全技术统一规范》GB 50870—2013、《建筑施工安全检查标准》JGJ 59—2011 等标准以及有关的规范性文件制定相应的安全生产管理措施，对基坑围护和土方开挖施工安全进行管理或实施监控。

这些措施主要针对基坑围护和土方开挖作业过程中容易出现的安全隐患采取系统的规范性防治手段，对施工单位的管理缺陷、人的不安全行为和物的不安全状态进行有效的治理，达到防患于未然的目的。

1. 施工安全管理措施

（1）施工单位首先建立由企业主要领导人负责，独立行使安全生产管理职能的部门，并根据工程的特点建立相应的项目安全生产管理机构。安全生产管理部门和机构的人员应按本书第三章第一节第一点的要求组成。

在基坑围护和土方施工阶段，施工项目的专职安全员应按规定实时到岗履职，施工单位的技术部门、安全生产管理部门应委派专人对关键工序进行定期和重点检查。

（2）施工现场应建立完整的安全生产责任制，并认真贯彻落实。基坑围护和土方开挖阶段应重点建立的安全生产责任制包括：围护结构（体系）和土方开挖安全操作规程，围护结构（体系）和土方开挖安全技术交底制度，围护结构监测制度、围护结构（体系）日常检查制度、内支撑拆除审批制度、重大安全隐患报告和整改制度等。

根据企业和施工项目的实际情况，有关围护结构（体系）和土方开挖的安全管理制度可以单独编制，也可以和相关的专项方案合并编制。

（3）落实安全检查制度，以规范施工工艺、基坑降水排水和防渗漏、安全技术交底和围护结构监测为主线，重点控制土方超挖、坑边超载和防止信息数据失真，对发现的安全隐患及时整改。当隐患危及人身安全时，应停止施工，采取有效措施，防止和减少安全事故的发生。

（4）在施工准备阶段，施工单位应按本工程的施工现场的地质条件和环境，地下管线的走向，围护结构（体系）的特点，施工机械设备，施工组织设计和规范要求编制《围护结构（体系）施工和土方开挖专项施工方案》。

《围护结构（体系）施工和土方开挖施工方案》应当由施工单位技术部门组织本单位施工技术、安全、质量等部门的专业技术人员进行审核。经审核合格的，由施工单位技术负责人签字。不需专家论证的专项方案，经施工单位审核合格后报监理单位，由项目总监理工程师审核签字。

深度超过 5m，或虽未超过 5m，但地质条件、周围环境和地下管线复杂，或影响毗邻建筑（构筑）物安全的围护结构（体系）施工和土方开挖施工专项方案应经专家论证。

施工专项方案论证后，专家组应当提交论证报告，对论证的内容提出明确的意见，并在论证报告上签字。该报告作为施工专项方案修改完善的指导意见。

施工单位应当根据论证报告修改完善施工专项方案，并经施工总承包单位和专业施工单位的技术负责人、项目总监理工程师、建设单位项目负责人签字后，组织实施。

（5）围护结构（体系）施工和土方开挖工程开工前，施工人员应经过系统的三级安全教育培训与相应的安全技术交底，并经考核合格后才能上岗作业。未经安全教育培训、技能培训与交底的施工人员不得进行围护结构（体系）施工和土方开挖作业。

在围护结构（体系）和土方开挖工程中进行特种作业的人员，如架子工、电焊工和起重吊装机械的司机、司索、信号工等人员必须经建设行政主管部门考核合格，取得建筑施工特种作业人员操作资格证书，方可上岗从事相应的作业。没有列入建筑施工特种作业岗位的挖掘机、装载机、运输车辆的司机等，应取得公安交通管理部门或安全监督管理部门颁发的资格证书，才能在相应的岗位上作业。

（6）围护结构（体系）和土方开挖工程每天作业前，应根据当天的作业内容进行班前安全教育，并落实上班签到、下班销号的规定。

专职安全员应对施工现场道路、安全标志、人员通道、电气设施和各种机械设备加以检查，确认其完好才能进行施工。

项目负责人应加强对围护结构（体系）和土方开挖工程作业的巡视检查，做到每天审查围护结构监测报告，密切关注基坑周边的裂缝、土体的位移、水位、渗漏情况、降水设备和应急电源等，发现问题及时处置，防止意外事故发生。

（7）围护结构（体系）和土方开挖工程应采用信息化施工法。施工期间，施工单位应每天定期对周围的建（构）筑物、基坑、道路、管线等进行变形观测，并向有关部门提交监测报告。发现异常情况时，应立即报告，给抢险决策和采取措施留有充分的时间。

（8）在施工中遇下列情况时应立即停工：

土体不稳定，有发生坍塌的危险；

气候突变，发生暴雨、水位暴涨或山洪暴发；

在爆破警戒区内发出爆破信号时；

地面涌水冒泥，出现陷车，或车辆因雨发生坡道打滑；

工作面净空不足以保证安全作业；

施工标志、防护设施损毁失效。

在采取有效的措施，消除安全隐患后，才能继续施工。

2. 人的行为安全

（1）从事土方开挖和机械操作的人员应定期进行体检，身体健康且无妨碍从事相应岗位作业的疾病和生理缺陷。

（2）由于从事围护结构（体系）和土方开挖的作业人员相对较多，因此，加强日常管理，创造良好的生活和工作环境，从而使他们在工作中有足够的体力，集中精力做好本职工作，应是项目管理层关注的重点。

因地质条件和工艺要求，围护结构（体系）和土方开挖工程经常需要赶工或连续施工。因此，合理安排分段作业或流水施工，避免作业人员连续作业引起的疲劳过度，造成注意力下降、反应变慢或误操作等，是防止和减少安全事故发生的有效手段。如除特殊情况，避免在高温季节的中午时间进行露天施工；在员工宿舍统一安装空调；改善员工食堂的伙食供应等。

（3）进入作业现场的人员应穿防滑鞋，防止滑倒引起的意外伤害；应正确佩戴安全帽，扣好帽带，防止作业人员因不戴安全帽或安全帽脱落，造成头部受到物体打击或挤压伤害，如围护结构（体系）和土方开挖工程时容易发生的，混凝土块、石子等掉落引起的物体打击事故；需要高空作业的人员，如从事混凝土凿除、塔吊格构柱支撑焊接等，应佩戴安全带，并将安全带正确悬挂在安全绳上，防止坠落事故的发生；应穿着工作服，防止皮肤晒伤、划伤，防止过于宽松的服装影响作业或发生钩挂等意外；电焊工应佩戴防护手套和使用防护面具，防止电弧对皮肤和眼睛的伤害。

（4）高空作业的人员应有专用工具袋，作业时严禁抛掷物件和工具，防止工具或零散材料物品坠落造成的伤害事故。

（5）禁止无证上岗，禁止私拉乱接用电设备，禁止上下交叉作业，禁止酒后进入施工现场等违章现象。施工时应采取必要的措施，防止挖掘机撞击格构柱，防止超深、超长开挖土方等操作不当的行为。

机械设备的操作实行定人定岗，防止不熟悉机械性能的人员误操作。

3. 物的安全状态

（1）高温季节（35℃以上）露天进行围护结构和土方开挖作业时应有可靠的防暑降温措施，防止中暑引起的人身伤害、坠落或打击事故。

（2）开工前，应查明围护结构（体系）和土方开挖施工区域内的地下电缆、供排水管道和构（建）筑物的位置、埋深和走向，并采用明显的标志、记号标示。防止施工不当造成的损害。禁止在没有采取可靠的安全措施时，离电缆1m距离以内进行机械和人工作业。

当施工可能对地下管线和构（建）筑物产生不利影响时，应采取必要的加固措施。

（3）土方开挖前，基坑边界周围的地面应设置排水沟；对临近山坡的基坑，应在坡顶、坡面和坡脚均布置截水、排水设置；防止和减少雨水、山洪对基坑安全的不利影响。

（4）土方开挖的顺序、方法应符合围护结构的设计工况和施工组织设计的要求。遵循"开槽支撑，先撑后挖，分层开挖，严禁超挖"的原则。

对分区分期施工的基坑，禁止边打桩边开挖基坑。

（5）对开挖后不稳定或欠稳定的边坡，应严格按照施工专项方案的要求有序作业；根据边坡的地质特征和可能发生的破坏等情况，采取"自上而下、分段跳槽、及时支护"的逆作法或部分逆作法施工，保证边坡安全。

（6）施工需要的材料和机械设备需要在基坑周边堆放时，堆放的范围、重量应符合设计要求，不得超载。

土方开挖机械停放地点和运输道路的布置应符合专项施工方案的要求，在软弱地基上施工时，应加设路基板等辅助设施。

当土方运输道路与基坑平行时，应对围护结构进行验算，并采取可靠的加固措施，如在路面上铺设钢筋混凝土、对支撑体系加固等。

（7）土方开挖过程中应严格遵守安全操作规程，并采取有效防止碰撞支护结构、工程桩或扰动基底原状土的措施。

（8）进入基坑的车辆通道，应做到边坡稳定，有相应的防冲刷措施。夜间作业有足够的照明和标志，保证行车安全。

（9）采用爆破法施工时，应采用有效措施避免爆破对周边建（构）筑物、地下管线和人员的震害。

（10）施工过程中，当发生基坑的变形监控值大于设计要求，或支撑结构应力监控值超过预警值等现象时，应召集设计、施工、监理和建设单位的有关人员进行分析，采取消警措施，才能继续施工。

（11）配合土石方机械作业的清底、平地、修坡等人员，不得在机械的回转半径以内工作，防止机械伤害。

（12）挖掘机行走时，应做到主动轮在后面平稳行驶。行驶时应对回转机构制动，并始终保持臂杆与履带平行、铲斗离地面 1m 左右的状态。

在上下坡道时，注意坡度不得超过本机允许的最大坡度。禁止在坡道上变速行驶；在下坡时做到慢速行驶，禁止空挡滑行。

（13）在行驶或作业中，禁止在驾驶室外乘坐或站立人员；禁止人员上下机械和传递物件；禁止人员在铲斗内、拖耙或机架上坐立；禁止车厢内载人。

（14）机械在行驶前，应清除机械四周的障碍物，确认安全后才能启动。

（15）自卸汽车卸料后，车厢应及时复位，确认安全后才能行驶。禁止在车厢倾卸情况下行驶，禁止人货混装。

（16）挖土机械在非作业行驶时，铲斗应使用锁紧链条挂牢在运输行驶位置上，并禁止挖土机械载人或装载易燃、易爆物品。

（17）自卸汽车配合装料时，驾驶员在车辆停稳后，应拉紧手制动器，并离开驾驶室。在驾驶室内有人时，挖装机械的铲斗不得越过驾驶室进行作业。

（18）在机械运行中，禁止维修人员接触转动部位和进行检修。在修理（焊、铆等）工作装置时，应使其降到最低位置，并在悬空部位垫上垫木，保证机械的稳定。

七、临时用电安全事故的预防

（一）案例

【案例 14】

2010 年某月某日，浙江省义乌市某施工项目发生一起触电事故，造成一人死亡。

经了解，该工程正在进行工程桩施工，因为泥浆泵发生电路故障，设备维修人员进入泥浆池进行故障排查，不慎触电倒入泥浆池。由于倒入泥浆池时面部向下，加上触电后手脚痉挛无力自救，导致窒息死亡。

经调查：

（1）施工单位三级安全教育不到位，未按规定进行工程桩施工安全技术交底。

（2）施工现场管理不善，场地泥浆横流，施工电缆沿着地面乱拉乱接，不少电缆有破损或接头，且破损或接头仅用胶布包裹粘结。违反了《施工现场临时用电安全技术规范》JGJ 46—2005 第 7.2.3 条"电缆线路应采用埋地或架空敷设，严禁沿地面明设，并应避免机械损伤和介质腐蚀"强制性条文的规定。

（3）施工单位未按《施工现场临时用电安全技术规范》JGJ 46—2005 第 3.1.1 条规定："编制临时用电组织设计。"

（4）故障排查人员未取得特种作业操作证书，违反《施工现场临时用电安全技术规范》JGJ 46—2005 第 3.2.1 条的规定。

（5）泥浆池泥浆面下的泥浆泵连接电缆有明显的破损部位，配电箱的漏电保护器失效。

调查结论：管理混乱是事故发生的最主要原因。

（二）预防措施

为预防临时用电安全事故的发生，施工单位和监理机构应依据《施工现场临时用电安全技术规范》JGJ 46—2005、《建筑机械使用安全技术规程》JGJ 33—2012、《建筑施工安全技术统一规范》GB 50870—2013、《建筑施工安全检查标准》JGJ 59—2011 等标准以及有关的规范性文件制定安全生产管理措施，对临时用电安全进行管理或实施监控。这些措施主要针对临时用电中容易出现的安全隐患采取系统的规范性防治手段，对施工单位的管理缺陷、人的不安全行为和物的不安全状态进行有效的治理，达到防患于未然的目的。

1. 施工安全管理措施

（1）施工单位应建立由企业主要领导人负责，独立行使安全生产管理职能的部门，并根据工程的特点建立相应的项目安全生产管理机构。安全生产管理部门和机构的人员应按本书第三章第一节第一点的要求组成，并应有电气专业的安全管理人员。在施工阶段，施工项目的专职安全员应按规定实时到岗履职，中型及以上的施工项目应配备机电专业的专职安全员。施工单位的技术部门、安全生产管理部门应定期对项目的临时用电进行检查。

（2）施工现场应建立完整的安全生产责任制，并认真贯彻落实。临时用电应重点建立的安全生产责任制包括：临时用电安全操作规程，临时用电安全技术交底制度，建筑电工持证上岗制度、电气设备和设施日常检查制度、临时用电变更审批制度、重大安全隐患报告和整改制度等。

根据企业和施工项目的实际情况，有关施工现场临时用电的安全管理制度可以单独编制，也可以和相关的专项方案合并编制。

（3）落实安全检查制度，以规范施工用电的线路和配电箱的布置，变压器、配电房和电线电缆的防护，临时用电安全技术交底为主线，重点控制无证作业和违章操作，对发现的安全隐患及时整改。当隐患危及人身安全时，应停止施工，采取有效措施，防止和减少安全事故的发生。

（4）施工单位应按本工程的施工特点、环境、施工机械的功率、施工组织设计和规范要求绘制临时用电工程图纸，编制《临时用电组织设计》。

《临时用电组织设计》应由电气工程技术人员编制，施工单位技术部门组织本单位的技术、安全、质量和机电设备等部门的专业技术人员进行审核。经审核合格的，由施工单位技术负责人签字后报监理机构，项目总监理工程师审核批准后实施。

《临时用电组织设计》变更时，应当补充有关的图纸资料，按规定履行"编制、审核、批准"程序，未经相关部门审核及施工企业的技术负责人批准不得擅自变更。

（5）从事施工现场临时用电作业的人员必须经建设行政主管部门考核合格，取得建筑施工特种作业人员操作资格证书，方可上岗从事相应作业。

上岗作业前，作业人员应经过系统的三级安全教育培训与相应的安全技术交底。未经安全教育培训、技能培训与交底的施工人员不得进行临时用电作业。

（6）临时用电工程完成后，经编制、审核、批准部门和使用单位共同验收，合格后才能投入使用。

（7）临时用电设施应按分部、分项工程进行定期检查。安全隐患及时治理后，应履行复查验收手续，并有书面记录。

2. 人的行为安全

（1）施工现场的电工应定期进行体检，身体健康且无妨碍从事相应岗位作业的疾病和生理缺陷。

（2）合理安排电工的工作和休息时间，避免因连续作业、值班引起的疲劳过度，或在高温季节连续进行露天作业，从而造成的注意力下降、反应变慢或误操作等，防止或减少安全事故的发生。

（3）进入作业现场的电工应穿具有绝缘性能的防滑鞋，防止触电或滑倒引起的意外伤害；应正确佩戴安全帽，扣好帽带，防止因不戴安全帽或安全帽脱落，造成头部受到物体打击或挤压伤害；应穿着合身的工作服，防止皮肤晒伤、划伤，防止过于宽松的服装影响作业或发生钩挂等意外；作业时应佩戴绝缘防护手套，防止触电事故发生。

（4）高空作业时，应佩戴安全带，并将安全带正确悬挂在安全绳上或其他可靠的设施上，防止坠落事故的发生；应有专用工具袋，严禁抛、丢物件和工具，防止工具或零散物品坠落造成对他人的伤害事故。

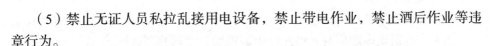

（5）禁止无证人员私拉乱接用电设备，禁止带电作业，禁止酒后作业等违章行为。

（6）在配电柜或配电线路停电维修时，停送电应有专人负责，挂好接地线，悬挂"禁止合闸、有人工作"的停电标志牌，并在专人监护下进行。

（7）专职电工应对配电箱、开关箱定期进行维修和检查。维修检查时，应将其前一级相应的电源隔离开关分闸断电，并悬挂"禁止合闸、有人工作"的停电标志牌，并在专人监护下进行。

3. 物的安全状态

（1）电工在高温季节（35℃以上）进行露天作业时应有可靠的防暑降温措施，防止中暑引起的人身伤害或误操作。

（2）建筑施工现场临时用电工程专用的电源中性点直接接地的220/380V三相四线制低压电力系统，应遵守下列规定：

采用三级配电系统

采用 TN-S 接零保护系统

采用二级漏电保护系统

（3）施工现场专用变压器供电的 TN-S 接零保护系统中，电气设备的金属外壳应与保护零线连接。保护零线由工作接地线、配电室（总配电箱）电源侧零线或总漏电保护器电源侧零线处引出。

（4）当施工现场与外电线路共用同一供电系统时，电气设备的接地、接零保护应与原系统保持一致。不能一部分设备做保护接零，另一部分设备做保护接地。

采用 TN 系统做保护接零时，工作零线（N 线）应通过总漏电保护器，保护零线（PE）由电源进线零线重复接地处或漏电保护器电源侧零线处，引出形成局部 TN-S 接零保护系统。

（5）PE 线上不得装设开关或熔断器，不得通过工作电流，或断线。

（6）TN 系统中的保护零线应在配电系统的中间处和末端处做重复接地。在 TN 系统中，保护零线每一处重复接地装置的接地电阻值应不大于 10Ω。在工作接地电阻值允许达到 10Ω 的电力保护系统中，所有重复接地的等效电阻值不大于 10Ω。

（7）需要做防雷接地的电气设备，所连接的 PE 线应同时做重复接地；同一台机械电气设备的重复接地和机械的防雷接地可共用同一接地体，但接地电阻应符合重复接地电阻值的要求。

（8）配电柜应装设电源隔离开关及短路、过载、漏电保护器。电源隔离开关分断时应有明显的可见分断点。

（9）发电机组电源应与外电线路电源连锁，严禁并列运行。

（10）发电机组并列运行时，应装设同期装置，并在机组同步运行后才能向负载供电。

（11）临时用电工程的电缆应包含全部工作芯线和用作保护零线或保护线的芯线。需要三相四线制配电的电缆线路需采用五芯电缆。

五芯电缆应包含淡蓝、绿黄二种颜色的绝缘芯线。应将淡蓝色芯线用作N线，绿黄双色芯线用作PE线，禁止芯线混色使用。

（12）临时用电工程的电缆线路应采用埋地或架空敷设，不得沿地面明设，不得存在机械损伤和介质腐蚀情况。埋地电缆的埋深应大于0.8m，小于0.8m时应采取相应的保护措施；埋设路径应设方位标志，防止误操作引起电缆破损漏电。

（13）每台用电设备应有各自专用的开关箱，严格执行"一机、一箱、一闸、一漏、一锁"的规定。禁止使用同一个开关箱直接控制2台及2台以上用电设备（含插座）。

（14）配电箱的电器安装板上应分设N线端子板和PE线端子板。N线端子板应与金属电气安装板绝缘；PE线端子板应与金属电器安装板做电气连接。

进出线中的N线必须通过N线端子板连接；PE线必须通过PE线端子板连接。

（15）开关箱中漏电保护器的额定漏电动作电流不应大于30mA，额定漏电动作时间不应大于0.1s。使用于潮湿或有腐蚀介质场所的漏电保护器应采用防溅型产品，其额定漏电动作电流不应大于15mA，额定漏电动作时间不应大于0.1s。

（16）总配电箱中漏电保护器的额定漏电动作电流应大于30mA，额定漏电动作时间应大于0.1s，但额定漏电动作电流与额定漏电动作时间的乘积不得大于30mA·s。

（17）配电箱、开关箱的电源进线端严禁采用插头和插座做活动连接。

（18）隧道、人防工程、高温、有导电灰尘、比较潮湿或灯具离地面高度低于2.5m等场所的照明，电源电压不得大于36V；

潮湿和易触及带电体场所的照明，电源电压不得大于24V；

特别是在潮湿场所、导电良好的地面、锅炉或金属容器内的照明，电源电压不得大于12V。

（19）照明变压器应使用双绕组型安全隔离变压器，禁止使用自耦变压器。

（20）对夜间影响飞机或车辆通行的在建工程及机械设备，应设置醒目的红色信号灯，并将其电源设在施工现场总电源开关的前侧，同时设置外电线路停止供电时的应急自备电源，在任何情况下能保证信号灯正常工作。

（21）不得将电源导线直接绑扎在金属架上。

（22）配电箱电力容量在 15kW 以上的电源开关不得采用瓷底胶木刀型开关。4.5kW 以上电动机不得用刀型开关直接启动。各种刀型开关应采用静触头接电源，不得采用动触头接载荷，不得倒接线。

（23）对混凝土搅拌机、钢筋加工机械、木工机械、盾构机械等设备进行清理、检查、维修时，应将其开关箱分闸断电，呈现可见电源分断点，并关门上锁后才能进行。

八、模板和支撑体系安全事故的预防

（一）案例

【案例 15】

2004 年 5 月某日，宁波市北仑区某车间工程，在浇筑二层楼面混凝土时发生支模架坍塌事故，造成一人死亡、多人受伤的严重后果。

经调查：

（1）钢管、扣件使用前未按浙江省建设厅 2003 年 3 月 25 日"关于加强施工现场钢管、扣件使用管理的暂行规定"第 3 条的要求进行抽样检测。

（2）专项施工方案形同虚设。现场只能提供一份该项目二期工程支模架专项施工方案。这份方案编制时，发生事故的三期工程尚未中标。三期工程是参照了二期工程的专项方案，但该方案根本不符合三期工程的特点。发生事故区域的梁截面为 500mm×1000mm，而方案中的大梁截面积取值为 250mm×800mm，两者荷载相差一倍以上。在扣件允许摩擦力计算上也同样存在这样的问题，发生事故的区域顶部扣件的承载力已接近计算容许值 800kg，而方案中计算为 215kg，差距近四倍。同时，该方案没有绘出搭设构造图，对搭设的具体构造要求，特别是剪刀撑、扫地杆等的文字描述含糊不清。因此，该方案根本起不到指导现场实际施工的作用，违反了《浙江省建设厅关于加强工程建设安全质量技术责任制的暂行规定》（浙建 [2003]35 号）第二、三、四条的规定。

（3）按照《建设工程安全生产管理条例》和《建设工程项目管理规范》的要求："分项工程施工前，项目技术负责人应向承担施工的作业人员进行书面技术交底，并办理签字手续"。但该项目的技术负责人未按规定在支模架搭设前进行技术交底。

（4）操作人员凭经验搭设且搭设操作随意性大。纵横联系杆大量缺少，扫地杆、剪刀撑几乎没有，大大降低了架体的整体稳定性；架体立杆搭接方法严重错误，上下立杆搭接既不采用对接，也不采用旋转扣件拼接，甚至也不采用在两根以上大横杆上搭接的方法，而是采用了在一根大横杆上搭接的方法。这种方法安全性差，大大降低了架体的稳定性和承载能力。

（5）施工单位、监理单位相关检查人员对支模架的检查验收不负责。发生事故的区域，虽有相关的检查验收表，并且各方签字也齐全。但是施工单位既没有按三期工程的特点编制方案，也没有按已有的方案进行检查验收，在实际搭设与方案完全不符的情况下，签字认可并得出与方案相符的错误结论。

（6）企业对项目的管理力度十分薄弱。作为项目承包的法人单位，某公司虽然也对该项目进行过几次检查，也提出了一些问题，但该项目部我行我素，没有及时进行整改。该公司对存在的问题也没有一查到底，消除隐患。

（7）主管部门监管不到位。2003年以来，建设厅曾多次强调并明确规定各市、县（市、区）至少要设置一家钢管、扣件检测机构。但是宁波市某区至今尚无一家具备检测能力，一定程度上造成企业送检不方便。另外，面对16万 m² 的大型工程，某区安全监督站只对该项目进行过一次检查，发现的钢管、扣件质量问题也没有及时督促落实整改。而对发生事故的三期工程一次也没有进行检查，未能及时发现问题。对承重支撑架结构等事故多发的危险源没有及时检查，消除隐患。

【案例16】

2003年2月某日，杭州市某开发区在建厂房在浇捣混凝土屋面时发生支模架坍塌，造成十余人死亡、多人受伤的群死群伤的重大事故。

经调查，该厂房高20余米，采用扣件式钢管脚手架作为模板支撑。经现场取样，大部分钢管的壁厚不足3.0mm，部分钢管壁厚甚至只有2mm；单个扣件的重量只有标准重量的60%～70%，且部分扣件有裂缝和破碎、螺栓螺纹滑丝。由于该项目已施工了类型相似的另一栋厂房，因此没有重新编制专项施工方案，按照原厂房施工方案立杆间距1200mm，步距1800mm的要求进行支模架搭设。在支模架验收过程中发现，立杆基础为未经处理的回填砂性土，虽然立杆下有垫木，但地基的强度明显不足，且部分立杆悬空；部分水平杆缺失，水平杆单向交错布置，没有在纵横向全数设置；立杆的间距和剪刀撑均达不到施工方案的要求。为此，质量监督部门和监理机构分别签发了整改通知单。在施工单位整改不到位且未重新组织支模架验收的情况下，监理机构的一个监理员签发了混凝土浇捣令。在完成了大部分屋面混凝土浇捣时，发生了支模架倒塌事故。附图 1-10 为事故现场。

附图 1-10　支模架倒塌事故现场

事故原因分析：

立杆地基承载力不足，在屋面荷载作用下发生不均匀沉降，引起部分扣件受力加大，当某一个扣件受到的外力超过其极限时，扣件发生断裂。由于多米诺骨牌效应，该扣件断裂后，其原承受的外力传递给相邻扣件，其他扣件迅速遭到强度破坏，导致支模架整体坍塌。

钢管、扣件的质量达不到规范要求，大大降低了支模架的承载能力。

支模架的搭设不符合规范和专项施工方案的要求，导致架体的整体强度和刚度大大降低。

施工单位为了抢进度，在明知支模架存在安全隐患的情况下，不认真整改，不重新组织支模架验收，抱着侥幸心理冒险施工，是事故发生的主要原因。

监理机构没有认真履行监理职责，对施工单位的整改没有进行认真的监督检查，是事故发生的重要原因。

（二）预防措施

为预防支模架坍塌等安全事故的发生，施工单位和监理机构应依据《建筑施工扣件式钢管脚手架安全技术规范》JGJ 130—2011、浙江省《建筑施工扣件式钢管模板支架技术规程》DB 33—1035—2006、《建筑施工模板安全技术规范》JGJ 162—2008、《建筑施工门式钢管脚手架安全技术规范》JGJ 128—2010、《建

建筑工程施工重大安全隐患防治

筑施工高处作业安全技术规范》JGJ 80—2016、《混凝土结构工程施工质量验收规范》GB 50204—2015、《建筑施工安全技术统一规范》GB 50870—2013 和《建筑施工安全检查标准》JGJ 59—2011 等标准以及有关的规范性文件制定支模架安全施工管理措施，对支模架施工安全进行管理或实施监控。这些措施主要针对支模架施工中容易出现的安全隐患采取系统的规范性防治手段，对施工单位的管理缺陷、人的不安全行为和物的不安全状态进行有效的治理，达到防患于未然的目的。

1. 施工安全管理措施

（1）施工单位应建立由企业主要领导人负责，独立行使安全生产管理职能的部门，并根据工程的特点和环境条件建立相应的项目安全生产管理机构。安全生产管理部门和机构的人员应按本书第三章第一节第一点的要求组成。在施工阶段，施工项目的专职安全员应按规定实时到岗履职。施工单位的技术部门、安全生产管理部门应定期定点对项目的超高、超载支模架的关键工艺进行检查。

（2）施工现场应建立完整的安全生产责任制，并认真贯彻落实。支模架施工应重点建立的安全生产责任制包括：支模架施工方案审批和论证制度、支模架搭设安全操作规程，支模架搭设安全技术交底制度，特种作业持证上岗制度、支模架检查和验收制度、安全隐患报告和整改制度等。

根据企业和施工项目的实际情况，有关支模架施工的安全管理制度可以单独编制，也可以和相关的专项方案合并编制。

（3）落实安全检查制度，以规范施工专项方案的编制与审批程序、支模架搭设材料的进场验收、支模架施工安全技术交底为主线，重点控制无证作业和按专项方案施工，对发现的安全隐患及时整改。当隐患危及人身安全时，应停止施工，并采取有效措施，防止和减少安全事故的发生。

（4）施工单位应按本工程的结构特点、施工环境、支模材料、施工组织设计和规范要求，编制《模板和支撑体系专项施工方案》。

《模板和支撑体系专项施工方案》应由施工单位技术部门组织本单位的技术、安全、质量等部门的专业技术人员进行审核。经审核合格的，由施工单位技术负责人签字。

不需要专家论证的专项方案，经施工单位审核合格后报监理机构，由项目总监理工程师审核签字。

（5）滑模、爬模、飞模等工具式模板；搭设高度 8m 及以上；搭设跨度 18m 及以上，施工总荷载 15kN/m² 及以上；集中线荷载 20kN/m² 及以上的混凝土模板支撑体系；用于钢结构安装等满堂支撑体系和承受单点集中荷载 700kg 以上的承重支撑体系的施工专项方案应经专家论证。

施工专项方案论证后，专家组应当提交论证报告，对论证的内容提出明确的意见，并在论证报告上签字。该报告作为施工专项方案修改完善的指导意见。

施工单位应当根据论证报告修改完善施工专项方案，并经施工总承包单位和专业施工单位的技术负责人、项目总监理工程师、建设单位项目负责人签字后，组织实施。

《模板和支撑体系专项施工方案》需要进行重大变更时，应按规定履行"编制、审核、批准"程序，未经相关部门审核批准后不得擅自变更。

（6）从事支撑体系作业的架子工必须经建设行政主管部门考核合格，取得建筑施工特种作业人员操作资格证书，方可上岗从事相应作业。

作业人员应经过系统的三级安全教育培训与相应的安全技术交底，才能上岗作业。未经安全教育培训、技能培训与交底的施工人员不得进行模板和支撑体系作业。

（7）模板和支撑体系分项工程完成后，应经施工项目的质量、安全负责人和监理工程师共同验收合格后，才能进行下一道工序的施工。对超过一定规模的模板和支撑体系，施工单位的质量、技术部门和项目技术负责人以及总监理工程师必须参加验收，并签署验收结论。

（8）进入施工现场搭设支撑体系的材料应履行验收手续，质量应符合相关标准的要求。验收时，钢管脚手架的扣件应出具合格证，钢管与扣件应按规定进行抽样检测，禁止使用检测不合格的钢管、扣件等材料。

钢管脚手架的扣件在使用前应逐个挑选，不得使用有裂缝、滑丝或变形的扣件。

2. 人的行为安全

（1）架子工应定期进行体检，身体健康且无妨碍从事相应岗位作业的疾病和生理缺陷。

（2）在需要赶工或连续施工时，应合理安排分段作业或流水施工，合理安排架子工的工作和休息时间。避免作业人员因连续作业产生的疲劳过度或注意力下降，导致人的操作反应变慢或误操作，防止安全事故的发生。除特殊情况外，避免在高温季节的中午时间进行露天作业；避免在夜间进行高空搭设支模架。

施工单位应努力改善员工的生活条件，提供良好的休息环境，保证作业人员有足够的体力，集中精力完成本职工作。

（3）进入作业现场的架子工应穿防滑鞋，防止滑倒引起的意外伤害；应正确佩戴安全帽，扣好帽带，防止头部遭到钢管、扣件或其他物体的打击伤害；

在高空作业时，应佩戴安全带，并将安全带正确悬挂在安全绳上或其他可靠的设施上，防止坠落事故的发生；应穿着合身的工作服，防止皮肤晒伤、划伤，防止不合身的服装影响作业或发生钩挂等意外。

（4）在高空作业应有专用工具袋，严禁抛掷钢管、扣件等构配件和工具，防止物品坠落造成对他人的伤害事故。

（5）禁止无证作业、禁止酒后作业，禁止作业人员在连接件和支撑件上攀登上下，禁止在上下同一垂直面上装拆模板等违章行为。

3. 物的安全状态

（1）高温季节（35℃以上）露天进行支模体系作业时应有可靠的防暑降温措施，防止中暑引起的疾病、坠落或打击事故。

（2）模板体系施工前，应根据施工环境采取必要的安全措施，在高压线路附近作业时，安全距离应满足大于一根钢管或纵向钢筋最大长度的要求。

（3）搭设模板支架的场地应平整坚实，具有足够的承载能力，且地面不得积水。当地基为回填土时，应分层回填，逐层夯实，并在立杆下铺设钢质垫板，保证立杆基础的强度。

（4）模板支架应采用规格 $\Phi 48 \times 3.6mm$ 的标准钢管，当使用壁厚小于 3.6mm 的钢管时，应通过计算调整支撑体系的搭设参数。支撑体系禁止使用壁厚小于 3.0mm 的钢管；禁止使用有裂缝、弯曲或打孔的钢管；禁止不同外径的钢管混合使用。

（5）支模架的主节点处应设置纵、横双向的水平杆，并有可靠的连接措施，保证支模架受压构件的长细比不大于 150。

扣件式钢管支模架的水平杆应用直角扣件与立杆扣接。

（6）支模架的搭设应严格符合专项施工方案要求，高大支模架搭设的合格率应达到 90% 以上，立杆和水平杆的间距允许偏差不大于 100mm。

扣件式钢管模板支架应设置纵、横向扫地杆，并用直角扣件固定在立杆上。纵向扫地杆的位置应在距底座上面不大于 200mm 处，横向扫地杆的位置应在紧靠纵向扫地杆的下方。

（7）当立杆基础不在同一高度上时，应将高处的纵向扫地杆向低处延长两跨与立杆固定；当高低差大于 1m 时，应采用与结构连接或其他加固措施。当地面有坡度时，靠边坡上方的立杆轴线到边坡的距离应大于 500mm。

（8）扣件式钢管除顶层顶步外，立杆的接长均应采用对接扣件连接。为保证立杆的强度，立杆上的对接扣件应交错布置，且距离应大于 500mm 以上；两根相邻立杆的接头不得设置在同步内。

（9）立杆采用搭接接长时，搭接的长度不小于 1m，且采用 2 个及以上的旋转扣件固定，端部扣件盖板的边缘至杆端距离应大于 100mm。

采用可调支托时，支托板厚不小于 5mm，螺杆伸出钢管顶部不大于 200mm，外径与立柱钢管内径的间隙不大于 3mm。

扣件式钢管支模架的水平拉杆的端部应与四周的建筑物顶紧、顶牢；当立杆高度超过 5m 时，周围外侧和中间有结构柱的部位应按水平间距小于 9m、竖向间距小于 3m 的要求与建筑结构设置固结点。

当没有建筑物或结构可以设置固结点时，以及满堂模板和共享空间模板的支架，应在立柱外侧周围设置竖向连续式剪刀撑，并在架体中间每隔 10m 设置竖向连续式剪刀撑，并按施工方案的要求在剪刀撑的顶部、扫地杆处设置水平剪刀撑。

（10）门式钢管支模架并使用可调底座，剪刀撑、加固杆和固结点的设置应符合施工方案的要求，且应与支模架同步搭设；禁止不同型号的门架与配件混合使用。

（11）扣件式钢管支模架的剪刀撑、横向斜撑搭设应随立杆、纵向和横向水平杆等同步搭设。

（12）模板和支撑体系应按规定的作业程序进行，结构复杂的模板装拆应严格按照施工组织设计的安全技术措施进行。模板固定前，不得进行钢筋安装等下一道工序的施工，防止模板倒塌、滑移等引起的伤害事故。

（13）作业人员在支设悬挑形式的模板时应有稳固的立足点。在施工临空构筑物模板时，应搭设支架或脚手架。模板上有预留洞时应有临时遮挡措施。

（14）作业层上、满堂支撑架顶部的施工荷载应符合专项方案的设计要求，不得超载；不得将脚手架、缆风绳、混凝土和砂浆的输送管与模板支架相连；支架上不得悬挂起重设备。

（15）在脚手架或模板支架上进行电、气焊时，应配备灭火器、消防水带等防火措施，并有专人看护，防止火灾发生。

（16）在支撑体系工作期间，不得擅自拆除扣件式钢管支模架的杆件主节点处的纵、横向水平杆，纵、横向扫地杆和剪刀撑；不得擅自拆除满堂门式钢管支架的交叉支撑和加固杆。

（17）当混凝土强度符合设计或规范要求时，才能拆除混凝土构件的底模及其支架。

（18）拆除作业应遵守"由上而下、逐步进行，严禁上下同时作业"的规定。同一层的构配件、连墙件、剪刀撑和加固杆按先上后下、先外后内顺序，随支模架逐层依次拆除。严禁先将连墙件、剪刀撑和加固杆整层或数层拆除后再拆支模架。

（19）在高处进行拆模作业时，应配置登高用具或搭设支架，正确使用防护用品。混凝土板上拆模后形成的临边或洞口应按规定进行防护。

（20）模板和支撑体系拆除后，不得将拆下的材料和物件堆放在楼层边口、通道口以及脚手架边缘等处，防止坠落物伤人。

钢模板部件拆除后，钢模板堆放高度不得超过1m，防止超载，且不得在离楼层边沿小于1m处临时堆放。

九、塔吊安装和拆除安全事故的预防

（一）案例

【案例17】

2009年5月某日，杭州市某经济技术开发区发生一台QTZ63塔机倒塌事件。

经调查分析，该塔机2004年出厂，使用年限5年左右，引起倒塌的原因为：

（1）施工单位为减少投入，擅自将塔机的标准节代替地下节埋入混凝土基础中，使用半年多后，埋入混凝土的主弦杆出现裂缝倒塌，裂缝断口陈旧现象不明显。施工单位故意使用不合格的构件，导致塔机的安全性和强度不足，是塔机倒塌的主要原因。

（2）塔机安装单位发现施工单位用塔机标准节替换地下节这一错误做法后，没有及时制止并向有关单位报告，起到了“为虎作伥”的作用，是事故发生的重要原因。

（3）监理单位未能及时发现施工单位和安装单位的错误，表现出专业技术的缺乏和责任心不强，也是事故发生的原因之一。

【案例18】

2006年3月某日，浙江省安吉县某商住楼工地在拆除塔机时，发生一起爬升架滑落，导致在爬升架上作业的操作人员高处坠落，造成3人死亡、1人受伤的事故，如附图1-11所示。

经调查：某商住楼工程，施工单位将塔机安装、拆卸委托杭州某建筑机械安装有限公司（无资质、无安全生产许可证）负责。

2006年3月22日，杭州某建筑机械安装有限公司业务员临时招用塔机拆卸人员违章从事塔机拆卸作业。15时左右，作业人员在拆除塔机回转机构时，作业人员盲目操作，采用了错误的步骤，在未检查确认顶升横梁挂钩是否挂住踏步前，拆除了回转机构与爬升架的联接销轴，使爬升架失去支撑而滑落。导致在爬升架上作业的 4 名操作人员高处坠落，造成 3 人死亡，1 人受伤的三级重大事故。

附图 1-11　爬升架倒塌

事故原因分析：

（1）施工单位将塔机安装、拆卸业务违法分包给无资质、无安全生产许可证的杭州某建筑机械安装有限公司。在塔机因场地限制不能按常规方法拆卸，须在 30 多 m 高空中用汽车吊拆卸时，未制订符合实际情况的专项施工方案。同时未有效履行总包职责，未与分包商签订安全生产责任书，在分包商从事拆卸前未对相关人员的上岗资格进行核查，未在拆卸现场安排专职安全生产管理人员进行检查和监督，没有发现分包单位的违章作业并进行制止。施工单位的管理缺陷是事故发生的主要原因。

（2）塔机拆卸单位在明知本企业无相应资质、无安全生产许可证的情况下，擅自承接塔机安装、拆卸业务并进入施工现场从事作业；在拆卸时，又临时雇用部分无证的拆卸人员，在未编制专项施工方案、操作人员又未正确使用安全带的情况下，冒险违章作业从事塔机拆卸。拆卸人员在爬升架无可靠固定的情况下，拆去联接爬升架与上回转支座的 4 根销轴，起吊上回转支座，带出爬升架造成爬升架滑落；爬升架滑落过程中，爬升架上的顶升油缸突然伸入塔身中，使爬升架在滑落过程中停止，爬升架上的 4 名操作人员弹出坠落地面，是导致该起重大事故发生的直接原因，如附图 1-12 所示。

（3）监理单位派出部分无证人员从事施工现场监理；未对实际从事拆卸作业的施工单位是否编制专项施工方案的情况以及拆卸专项方案进行审查，是事故发生的重要原因。

附图 1-12　塔机安装、拆卸工作

（二）预防措施

　　为预防塔吊安装和拆除安全事故的发生，施工单位和监理机构应依据《建筑机械使用安全技术规程》JGJ 33—2012、《建筑施工高处作业安全技术规范》JGJ 80—2016、《塔式起重机混凝土基础工程技术规程》JGJ/T 187—2009、《建筑施工塔式起重机安装、使用、拆卸安全技术规程》JGJ 196—2010、《施工现场临时用电安全技术规范》JGJ 46—2005、《建筑施工安全技术统一规范》GB 50870—2013、《建筑施工安全检查标准》JGJ 59—2011 等标准以及有关的规范性文件制定安全生产管理措施，对塔吊安装和拆除的安全进行管理或实施监控，如附图 1-13 所示。这些措施主要针对塔吊安装和拆除中容易出现的安全隐患采取系统的防治手段，对施工单位的管理缺陷、人的不安全行为和物的不安全状态进行有效的治理，达到防患于未然的目的。

附图 1-13　塔吊安装图

1. 施工安全管理措施

（1）施工单位应建立由企业主要领导人负责，独立行使职能的企业安全生产管理部门和项目负责人负责的施工项目安全生产管理机构。安全生产管理部门的人员应按本书第三章第一节第一点的要求组成。

大、中型施工企业应建立设备管理部门，设立起重机械安全管理岗位。没有能力设立独立的设备管理部门的小型施工企业，应配备具有起重机械管理能力的专职管理人员，对起重机械进行管理。

施工现场的安全生产管理机构，应配备具有机电设备管理知识和能力的专职安全员，对塔吊的安装、拆除、运行和维修保养进行管理。

（2）施工现场应建立完整的安全生产责任制，并认真落实。塔吊安装、拆除和使用安全应重点建立的安全生产责任制包括：特种作业人员持证上岗制度、塔吊安装、拆除、验收和备案制度，塔吊安全操作规程，塔吊班前检查和试运行、交接班制度和安全技术交底制度，塔吊日常检查和维修制度、安全隐患整改制度（塔吊）等。根据企业的实际情况，有关塔吊的安全管理制度可以单独编制，也可以和相关的专项方案合并编制。

（3）落实安全检查制度，以塔吊的安装、拆除、验收、备案、使用和维修保养为主线，重点查处无证上岗和违章作业，防止和减少安全隐患的发生。对检查中发现的安全隐患及时督促整改。

（4）塔吊安装前，施工单位应按本工程的施工组织设计、施工现场环境、施工工艺、材料和构配件的表观特征、规范要求编制《塔吊安装拆除和使用专项施工方案》，专项施工方案应考虑地基或工程桩、输变电线路和建筑物等对塔吊的安装拆除和运行的影响。

《塔吊安装拆除和使用专项施工方案》应当由施工单位技术部门组织本单位施工技术、安全、质量等部门的专业技术人员进行审核。经审核合格的，由施工单位技术负责人签字。塔吊的安装和拆除由专业施工单位承包施工的，专项方案应当由总承包单位技术负责人及相关专业承包单位技术负责人签字。

不需要专家论证的专项方案经施工单位审核合格后报监理单位，由项目总监理工程师审核批准后才能安装。

起重量300kN及以上的塔吊安装工程，高度200m及以上的内爬式塔吊的拆除工程，以及当地建设行政主管部门另有规定的，专项施工方案需经专家论证。

施工专项方案论证后，专家组应当提交论证报告，对论证的内容提出明确的意见，并在论证报告上签字。该报告作为施工专项方案修改完善的指导意见。

施工单位应当根据论证报告修改完善施工专项方案，并经施工总承包单位和专业施工单位的技术负责人、项目总监理工程师、建设单位项目负责人签字后，组织实施。

（5）塔吊安装和拆除需要履行告知程序的，施工单位应到当地建设行政主管部门办理相关手续才能安装和拆除。

负责塔吊安装和拆除的单位应有建设行政主管部门颁发的资质证书及安全生产许可证。塔吊安装拆除工和司机、信号工、司索工等人员必须经建设行政主管部门考核合格，取得建筑施工特种作业人员操作资格证书，方可上岗从事相应作业。

塔吊安装和拆除作业应设项目负责人，项目负责人应有 5 年以上的安装经验，并经培训，取得建设行政主管部门颁发的项目负责人证书和特种作业人员操作资格证书。

（6）塔吊安装或拆除前，作业人员应经过系统的三级安全教育培训与安装安全技术交底，才能上岗作业。未经安全教育培训与交底的施工人员不得进行塔吊安装或拆除作业。

（7）塔吊安装或拆除的作业区，应设置警戒线及明显的警示标志，严禁非操作人员入内。安装或拆除作业宜在白天进行，确实需要夜间作业的，应有足够的照明。安装或拆除作业时应有技术人员或安全人员在场监护，防止事故发生。

（8）雨季和冬季进行安装或拆除作业时，应有可靠的防滑、防寒和防冻措施。六级以上强风或浓雾、大雨、大雪等恶劣气候应停止安装拆除或吊装作业；四级以上风力不得进行顶升作业。

大雨、大雪过后作业前，应及时清除水、冰、霜、雪等影响安全的危险因素，并进行试吊，确认制动器灵敏安全可靠后才能进行作业。

（9）塔吊安装完成后，应经有相应资质的检验检测机构检测。检测合格后，施工单位应组织安装、租赁和监理单位进行验收；验收合格之日起 30 日内到当地建设行政主管部门办理使用登记手续。

（10）施工单位应对塔吊进行定期检查，认真执行标准节顶升和附墙拉杆安装验收制度，认真落实日常维护和保养制度，保证塔吊的正常运行。

2. 人的行为安全

（1）塔吊的司机、信号工、司索、安装和拆除人员应定期进行体检，身体健康且无妨碍从事相应作业的疾病和生理缺陷。

（2）创造良好的生活和工作环境，并加强日常管理，保证作业人员得到充分的休息，关心他们的日常生活和心理健康，使他们保持足够的体力，集中精力做好本职工作。如合理安排作业时间，夏季在驾驶室配置电风扇，冬季注意防寒措施等。防止在高温条件下、连续作业造成的疲劳过度或反应变慢，防止因个人生理条件或心理因素造成的注意力下降，从而引起操作不当或错误操作等人为因素造成的安全事故。

（3）塔吊的司机、信号工、司索和安装拆除人员应穿防滑鞋，防止在登高作业或场地上行走时滑倒引起的意外伤害。应正确佩戴安全帽，扣好帽带，防止螺丝螺帽、金属垫片和工具掉落等引起的物体打击事故。安装拆除人员，应佩戴安全带，并将安全带正确悬挂在安全绳上或其他可靠的结构上，防止坠落事故的发生。应穿着工作服，防止皮肤晒伤、划伤，防止过于宽松的服装影响作业或发生钩挂等意外。

（4）塔吊安装拆除的人员在作业中严禁抛、掷物件和工具，并用专用工具袋放置工具和材料，防止工具或零散材料、物品坠落造成的伤害事故。

（5）禁止酒后作业；禁止用塔吊载运人员、禁止不使用吊笼吊装运输扣件、氧气或乙炔瓶等零散材料或工器具；禁止钢筋、钢管等细长的构件和材料采用单点绑扎后进行吊运；禁止塔吊超载、超限进行吊装；禁止不同长度或宽度的材料、构件混合进行吊装等违章作业。

（6）严禁操作人员随意调整或拆除塔机的变幅限位器、力矩限制器、重量限制器、行走限位器、高度限位器等安全保护装置；严禁司机用限位装置代替操纵机构；严禁在明知塔吊的安全装置不齐全或失效的情况下，带病作业。

（7）塔吊在安装或拆除过程中发现有异常情况或疑难问题时，应停止作业，及时向技术负责人和有关部门反映，采取有效措施消除隐患后，才能恢复作业。

3. 物的安全状态

（1）在35℃及以上的气候条件下，应停止塔吊的安装和拆除作业，尽量避免塔吊的吊装作业。因施工需要在高温条件下作业时，应采取必要的防暑降温措施，防止人员中暑后引发的机械或人身伤害事故。

（2）塔吊基础应按施工方案的要求施工，并有排水措施，防止基础积水降低承载力或影响电缆使用安全。

塔吊基础的混凝土设计强度等级不得低于C25。塔吊基础未经验收合格或强度未达到设计强度的80%时，不得进行塔吊安装。

如塔吊直接安装在地下室混凝土底板上，应经原设计单位验算，满足设计要求的才能安装。

（3）采用组合式塔吊基础时，应对格构柱的轴线进行复核，当桩位或格构柱的偏差超过规范要求时，应重新复核塔吊基础的承载能力和抗倾覆能力，不能满足要求的，应采取有效的加固措施。

土方开挖时，应采用逆作法及时设置格构式钢柱的型钢支撑。

（4）塔吊的机构及零部件、安全装置、操纵系统、附着装置、电气系统、液压系统的质量应符合相关的国家和行业标准的要求，进场的塔吊必须经过验收，合格后才能安装。

安装时禁止使用有可见裂纹或严重锈蚀的结构件；禁止使用已产生塑性变形的主要受力构件；禁止使用严重磨损和塑性变形的连接件；禁止使用已达到报废标准的钢丝绳。

（5）安装时，塔吊的连接件及防松、防脱件应采用标准件并使用力矩扳手或专用工具紧固；不得采用非标准配件或使用其他代用品。

（6）自升式塔机在正常加节、降节作业时，应检查顶升横梁防脱功能，符合要求后才能进行作业。

顶升作业应遵守"先安装附着装置,后升标准节"的原则；拆卸作业应遵守"先降节、后拆除附着装置"的原则。

（7）塔吊司机室应设有包括幅度载荷表、主要性能参数、各起升速度挡位的起重量等常用操作数据的标牌。操纵系统中所有的手柄、手轮、按钮及踏板的附近处，均应有表示用途和操作方向的标志。

（8）塔吊的梯子及防护圈、平台、走道、踢脚板和栏杆应符合《塔式起重机安全规程》GB 5144—2006 的相关规定。

（9）塔吊的滑轮、起升卷筒及动臂变幅卷筒均应设有钢丝绳防脱装置，吊钩应设防钢丝绳脱钩的装置。

钢丝绳在卷筒上的固定应安全可靠，钢丝绳在放出最大工作长度时，卷筒上的钢丝绳不少于 3 圈；在最小工作长度时，卷筒两侧的边缘应高出钢丝绳直径的两倍。

（10）塔吊的起重量限制器、起重力矩限制器、行程限位装置、幅度限位装置、起升高度限位器、回转限位器、小车断绳保护装置、小车断轴保证装置、缓冲器和止挡装置应灵敏可靠，并定期检查，发现问题要立即停止使用并进行修复，确保安全保护装置完好。

起重量限制器应在起重量大于相应挡位的额定值并小于该额定值的 110% 时切断上升方向的电源；起重力矩限制器应在起重力矩大于相应工况下的额定值并小于该额定值的 110% 时，切断上升和幅度增大方向的电源。

（11）50M 以上的塔吊应安装风速仪。

（12）多台塔吊交叉作业时应有相应的防撞措施，保证低位塔机的起重臂端部与另一台塔机的塔身距离不小于 2m；高位塔机的最低位置的部件与低位塔机处于最高位置部件之间的垂直距离不小于 2m。

（13）使用过程中，对塔机的工作状况要定期检查。塔吊的自由端不得超过产品说明书最大高度的规定。当塔身的垂直度大于 4/1000 时，应采取设置附着装置、纠偏等措施纠正偏差。

（14）塔吊作业应按指挥信号进行操作，起重臂和重物下方不得有人停留、工作或通过。

起吊前，司索工应对起吊物的平稳性、绑扎的牢固性、绑扎位置的合理性进行确认，符合要求后，由指挥发出起吊信号。

（15）不得使用塔吊进行斜拉、斜吊和起吊地下埋设物，或凝固在地面上的重物，以及其他不明重量的物体。易散落物件应采用吊笼、栅栏等固定后起吊。

（16）吊装作业时，应严格遵守安全操作规程，不得将起吊重物长时间悬挂在空中。当作业中遇突发故障时，应采取有效的措施将重物降落到安全地方，并关闭发动机或切断电源后进行检修。故障排除后，才能恢复作业。

（17）在突然停电时，应立即把所有控制器拨到零位，并断开电源总开关，采取措施使重物降到地面。

（18）塔吊的金属结构及所有电气设备的金属外壳，应有可靠的接地装置，重复接地电阻不得大于 10Ω。在靠近架空输电线路作业时，应有可靠的外电防护措施。

（19）在塔吊的安装、拆除作业过程中，发生短时间不能继续作业的情况时，应将已安装、拆除的部位达到稳定状态并固定牢靠，经检查确认无隐患后才能停止作业。

附录二：

部分危险性较大的分部分项工程安全技术交底实例

一、××工程高大支模架安全控制要点

（一）工程概况

××工程酒店大堂高 19.6m，长 24m，进深 16m。主梁高 1200mm，宽 300mm；主梁间距 4000mm，板厚 150mm。柱混凝土为 C60，梁、板均为 C30。

专项施工方案设计采用扣件式钢管脚手架、竹胶板模板体系，钢管壁厚 3mm，竹胶板厚 16～18mm。梁立杆横向间距 600mm，纵向 900mm；板立杆间距纵、横向均为 900mm。水平杆的布置：在 0.2m 处设置扫地杆，其余在 0.2～16.4m 处步距为 1800mm，16.4～18.2m 处步距为 900mm。梁底采用双扣件，板底采用单扣件。立柱外侧周围均设置从下而上连续的竖向剪刀撑，中间在纵横向各设置一道宽度为 5.4m 的竖向剪刀撑，并在扫地杆和顶部水平杆的位置加设水平剪刀撑。立杆底部为地下室顶板混凝土，标号 C30。专项施工方案已经专家论证，并按专家意见修改后批准。

（二）施工过程中可能存在的重大安全隐患

（1）钢管、扣件质量不符合要求；

（2）架子工无证上岗；

（3）支模架未按专项施工方案搭设；

（4）高空坠落；

（5）扣件、扳手等掉落伤人；

（6）未按专项施工方案的顺序浇捣混凝土，或浇捣时泵管出口处混凝土堆载过大。

（三）注意事项

（1）高大支模架专项施工方案已经监理机构审查批准，按程序报建设单位签字确认。

（2）模板作业场地的布置，钢管、扣件、木料、模板半成品的堆放，废料堆集和场内道路的修建，应做到统筹安排，合理布局，保证道路和防火通道畅通，配备必需的防火器具，四周应设置围栏，严禁烟火。

（3）模板木材应堆放平稳，模板、方料垛高不得大于 3m，垛距不得小于 1.5m，并避开高压线路。对没有支撑或自稳角不足的大模板，应存放在专用的堆放架上，或者平卧堆放，严禁靠放到其他模板或构件上，以防下脚移动倾覆伤人。

（4）用作通道的地下室顶板，应复核机械行走、材料运输、堆物等载荷对模板、支撑的影响，在顶撑及模板的排列布置上必须考虑拆除时如何满足施工荷载的要求。

（5）施工单位应对进场的材料进行认真的检查，钢管壁厚应符合浙江省《建筑施工扣件式钢管模板支架技术规程》DB 331035—2006 不小于 3mm 的规定，钢管无空洞、开裂、弯曲；扣件质量应符合《钢管脚手架扣件》GB 15831—2006 的规定，无裂缝、变形或螺栓滑丝；监理单位应按规定进行见证取样验证。

（6）作业人员应做到三级教育记录完整有效，班前教育活动正常，架子工等特种作业人员持证上岗。

（7）进入施工现场的人员必须戴好安全帽，扣好帽带，严禁穿硬底鞋及高跟鞋。

（8）安全员应对作业环境的安全状况进行检查，注意临边、洞口是否按施工方案的要求设护栏或张挂安全网。如无可靠的防护措施，应要求作业人员必须按高处作业施工安全措施佩带安全带，扣好带扣。

（9）作业前、安全员应重点检查作业人员使用的工具是否可靠，扳手等工具是否用绳链系挂在身上，所需工具、钉子、螺栓等是否放在工具袋内。要求作业人员在传递工具不得抛掷或将工具放在平台和木料上，不得插在腰带上，防止掉落伤人。并提醒作业人员工作时要思想集中，防止钉子扎脚和空中滑落。

（10）作业人员应按规定的通道进入施工地点，上、下要使用梯子，严禁在架体、连接件和支撑件上攀登上下。

（11）模板制作中，应随时检查工器具，发现螺栓或配件松动、防护罩脱落、电器线路接地损害等安全隐患，应立即修复。

（12）用旧木料制作模板时，应将钉子、扒钉拔掉收集好，不得随地乱扔。

（13）施工员应根据梁、柱的几何尺寸和建筑平面、空间高度确定并复核立杆的位置、间距和步距。

（14）按施工图纸，一部分竖向模板和支架支承在回填土上，回填土应按施工方案要求进行加固，并通过施工和监理方验收。并在立杆下加设厚度 50mm、宽度 100mm 的松木垫板或 8 号槽钢，且有排水措施。

（15）为保证混凝土楼板具有足够承受上层荷载的承载能力，0.00m 标高混凝土板面及以下至少须保证二层模板支架支撑，在 19.6m 标高楼面混凝土施工完成后 48 小时以内不允许拆除。该项规定适用于任何多层混凝土楼面的模板与支撑。

（16）作业人员应按照施工方案和规范的要求设置支模架的立杆、扫地杆、水平杆、结构拉接点以及竖向和水平剪刀撑，梁底受力横杆按施工方案设置双扣件，禁止附图2-1所示的只在一个方向设置水平杆。

（17）安装模板有可靠的落脚点，作业人员应站在安全地点进行操作，不得站在支撑上。落脚点应设立人板，立人板以木质中板为宜，并适当绑扎固定。作业人员应避免在同一垂直面同时上下工作，并主动避让上方塔吊吊运的物料和工器具，增强自我保护和相互保护的安全意识。

（18）高空作业要搭设脚手架或操作台，不许站立在墙上工作，不准站在大梁底模上行走。

（19）支模应按规定的作业程序进行。支模过程中如需中途停歇，应将支撑、搭头、柱头板等钉牢；当单独竖立一块或几块较大模板时，应设立临时支撑，上下必须顶牢，整体模板合拢后，应及时用拉杆斜撑固定牢靠，或用拉杆和螺栓固定。模板支撑不得钉在脚手架上，模板未固定前不得进行钢筋绑扎等下一道工序。

（20）模板及其支架在安装过程中，必须设置临时固定设施。如立杆、水平杆的同步连接形成稳定的支撑体系；架体与周边主体结构的临时固定；大模板、柱模板设置斜撑等。

（21）用机械吊装模板时应有专人指挥。吊装前应检查机械设备的安全性和可靠性，吊装用绳索、卡具及每块模板上的吊环是否牢固可靠。符合要求后将吊钩挂好，拆除一切临时支撑，稳起稳吊，吊装过程中，禁止用人力移动模板，严防模板大幅度摆动或碰倒其他模板。起吊后下面不得站人或通行。模板下放，距地面1m时，作业人员方可靠近操作。

（22）二人抬运模板时要互相配合，协同工作。传递模板、工具应用索具系牢，不得乱抛。钢管及配件应随装拆随运送，严禁从高处抛掷。

（23）封柱子模板时，应采用四方合拢的方法，不准从顶部往下套。

（24）施工时，模板上堆物（钢管、配件、模板等）不宜过多，并做到分散堆放。

（25）核心筒等大模板施工时，存放或安装大模板必须要有防倾覆措施，用人工搬运，支立核心筒模板时，应有专人指挥，所用的绳索要有足够的强度，绑扎牢固。支立模板时，先进行底部固定再进行支立，防止滑动倾覆。安装好后，要立即穿好销杆，紧固螺栓。

（26）混凝土浇捣前，施工单位应报监理机构检查验收，符合要求后由监理机构签发浇捣令。

（27）混凝土浇捣顺序应严格按施工方案执行，竖向结构浇捣完成后方可进行梁、板混凝土施工。梁、板混凝土浇捣应遵循从两侧向中心或中心向两侧同步、先梁后板的原则。严格禁止从一侧向另一侧施工。浇捣时应有专人负责支模架的看守和检查，按规定制作试块。

（28）拆除模板支撑应根据同条件试块强度报告，报监理审查批准后，按顺序分段拆除。拆除过程中不得留有松动或悬挂的模板，严禁硬砸或用机械大面积拉倒；拆下带钉的木料，应随即将钉子拔掉。拆模间歇时，应将活动的模板、牵杠、支撑等运走或妥善堆放，防止因踏空、扶空而坠落。

（29）拆除模板不得双层作业，3m以上模板在拆除时，应制定专门的技术措施。

（30）高空拆模时，地面应标出警戒区，用绳子和红白旗加以围栏，暂停人员过往，并有专人指挥。

（31）模板上有预留洞者，应在安装后将洞口盖好。混凝土板上的预留洞，应在模板拆除后即将洞口盖好。

（32）下班前应将锯木、木屑、刨花等杂物清除干净，并要运出场地进行妥善处理。

（33）遇六级以上的大风时，应暂停室外的高空作业，雨、雪天后应先清扫施工现场，待地面略干后不滑时再恢复工作。

（34）施工员和专职安全员应加强对高大支模架的施工质量和安全生产检查，并有完整的施工和检查记录。

（35）监理机构应对专项施工方案的编制和审批程序、施工技术措施的合理性和安全可靠性进行审查；在高大支模架的施工过程中进行定期和巡视检查；严格执行高大支模架的验收程序和质量；监督控制混凝土的浇捣顺序，防止超载和提前拆除支模架。

具体现场图见附图2-1～附图2-6。

附图2-1　支模架只在一个方向设置水平杆

附图 2-2　脱模油污染钢筋

附图 2-3　立杆支撑在后浇带钢筋上

附图 2-4　立杆长度不足用扣件接长

附图 2-5　扣件滑移后钢管压入模板和混凝土内

附图 2-6　被压弯的钢管

二、××工程外墙脚手架施工安全技术控制要点

（一）工程概况

××工程位于杭州市滨江区，地下四层，地上 39 层，总高度 139.7m，建筑面积为 115253.8m²，为钢筋（钢骨）混凝土框架—剪力墙体系结构。地上建筑主要为办公楼及配套用房，其中一至四层为裙房，外墙采用干挂石材幕墙，需搭设落地式钢管脚手架，架体高度 23.8m；五层以上办公楼采用玻璃幕墙，需搭设悬挑式钢管脚手架，架体高度不超过 18.5m。搭设脚手架应考虑幕墙施工的需要，在结构与脚手架之间预留足够的空间。

施工专项方案采用扣件式钢管脚手架，立杆材料为直径 48mm，壁厚 3mm 焊接钢管，扣件材料为铸铁或铸钢；悬挑式脚手架的型钢悬挑梁采用 16 号槽钢，悬挑梁外端采用直径 20mm 钢丝绳与上一层结构拉接，预埋件及拉环采用 HPB300 圆钢。

主要参数：

裙房部分为四周连续落地式脚手架，双排单杆，立杆纵距 1500mm，横距 1100mm，步距 1800mm，基坑回填土夯实后 80mm 厚 C20 混凝土作为脚手架基础，架体内立杆距结构立面 250mm。架体的两端转角及中间间隔不超过 15m 的立面上设施从下向上连续式剪刀撑。

悬挑式脚手架立杆纵距1200mm，横距900mm，步距1800mm，架体内立杆距结构立面150mm。架体的整个立面均设施从下向上连续式剪刀撑。

架体均采用预埋直径48mm钢管作为连墙件与混凝土结构连接，连接件沿竖向高度每层设置，水平方向间隔6m设置。

（二）施工过程中可能存在的重大安全隐患

（1）钢管、扣件质量不符合要求；

（2）架子工无证上岗；

（3）脚手架未按专项施工方案搭设；

（4）高空坠落；

（5）扣件、扳手等掉落伤人；

（6）架体堆放材料、杂物；

（7）架体超载。

（三）注意事项

（1）脚手架专项施工方案编制程序符合要求，已经监理机构审查批准。

（2）脚手架钢管、扣件的堆放应做到统筹安排，合理布局，保证道路和防火通道畅通。

（3）脚手架搭设、拆除时应设置安全隔离区和警示标志，防止材料、垃圾或工具坠落伤人，安全隔离区域内无电力、电缆等设施。

（4）架子工应持有建设行政主管部门颁发的特种作业操作证，并人证相符。

（5）进入施工现场必须戴好安全帽，并系好帽带，遵守安全生产六大纪律和十不准的规章制度，做到遵章守纪，听从指挥。

（6）钢管、扣件质量应符合相关标准的要求，施工前应对钢管和扣件进行筛选，不得采用腐蚀严重、薄壁、严重弯曲及开裂的钢管以及变形、裂缝或螺栓螺纹已损坏的扣件。

（7）施工中应执行安全操作规范，严禁酒后作业，严禁违章操作。随身工具应绑好安全绳，高空作业时操作人员必须系好安全带，并做到安全带高挂低作业，挂点安全可靠。

（8）脚手架搭设应符合脚手架专项施工方案和规范要求，立杆应在同一直线上，横杆数量的设置和连接、挡脚杆、扶手杆的位置应满足构造要求。立杆连接应采用对接扣件，且相邻立杆不应在同一步内接长。

（9）脚手架基础应有排水措施，防止积水。

（10）脚手架搭设时，立杆、扫地杆、横杆、剪刀撑、脚手片、安全网等应同步或及时施工。

（11）脚手板要铺满、绑牢、无探头板，并要牢固地固定在脚手架的支撑上，脚手架的任何部分均不得与模板支架、混凝土输送泵相连。翻铺脚手板应两人由里往外按顺序进行，在铺第一块或翻到最外一块脚手板时，必须挂牢安全带。

（12）脚手架的人行斜道和平台，宽度不小于 1m，坡度不大于 1：3，并设置 1m 高的栏杆和 18cm 高的挡脚板或防护立网，有坡度的脚手板，要加防滑木条。

（13）在洞口搭设挑架（外伸脚手架）时，斜杆与桥面一般不大于 30°，并应支承在建筑物的牢固部分，挑架所有受力点都要绑双扣，同时要绑防护栏杆。

（14）拉结点的位置必须设在立杆与大横杆的结点上。在高度大于 4m 的底层空间（或其他空间）无法按规范要求设置连接点时，架体应采取加固措施。

（15）型钢悬挑梁的立杆位置应焊接 ϕ25 长度 100mm 短钢筋，钢管立杆应套在钢筋外，防止立杆滑动。

（16）型钢悬挑梁的梁端应焊接不小于 ϕ16mm、HPB300 钢筋圆环，用于可靠连接钢丝绳。本工程利用 ϕ12mm 钢丝绳用作悬挑梁的保险绳。

（17）型钢悬挑梁的固定端长度应大于悬挑端长度的 1.25 倍。固定端预埋 2 个 U 形 ϕ20mm、HPB300 钢筋拉环将型钢悬挑梁固定在混凝土结构上。

（18）落地式脚手架应分别在裙房第二层、第四层楼面结构处设施水平隔离；悬挑架的底层设置水平隔离层。

（19）当日完工前，应仔细检查作业岗位周边情况，发现安全隐患，应及时进行整改，完成后方可撤离岗位。

（20）脚手架上的材料和工具要堆放整齐，积雪和杂物应及时清除。本工程脚手架的荷载不能超过 2kN/m^2，且不得超过二层；如果负荷量加大，应编制加固方案进行架设。

（21）脚手架搭设完成后，经验收悬挂合格牌后方能使用。

（22）脚手架以及相关的安全设施应定期检查，并有完整的检查记录。

（23）拆除脚手架，应做到逐层拆除，一步一清，连墙件和架体的拆除同步进行，并不准上下同时作业。拆除脚手架大横杆、剪刀撑等杆件时，应先拆中间扣，再拆两头扣。

（24）分段拆除高差超过 2 步时，应增设连墙件加固。

（25）拆下的脚手板、钢管、扣件、钢丝绳等材料，应向下传递或用绳绑扎固定后吊下，禁止往下投扔。同时注意施工现场的用电设施，如配电箱、电缆、外用线路等拆除工作的影响，以防触电或击伤他人。

（26）架体拆除要有专人负责，多人作业时，有明确的分工，统一行动，并有足够的工作面。

现场如附图 2-7～附图 2-13。

附图 2-7　架子工安全绳

附图 2-8　某工程外脚手架　　　　附图 2-9　出入口防护棚

附图 2-10　立杆基础　　　附图 2-11　悬挑脚手架角部示意图

附图 2-12　悬挑架底部封闭

附图 2-13　脚手架层间封闭

三、××工程施工升降机安装拆除和使用安全技术控制要点

（一）工程概况

××工程位于杭州市滨江区，地下四层，地上 39 层，总高度 139.7m，建筑面积为 115253.8m²，为钢筋（钢骨）混凝土框架—剪力墙体系结构，地上建筑主要为办公楼及配套用房，其中一至四层为裙房。垂直运输除塔吊外，选用 2 台 SCD200/200 施工升降机。施工升降机安放在地下室顶板上，顶板厚度 250mm，C30 混凝土。由于地下室顶板需要承担施工升降机以及车辆运输的荷载，施工单位编制了施工升降机和运输通道部分地下室顶板的加固方案。

（二）施工过程中可能存在的重大安全隐患

（1）施工方案的编制、审批程序和施工升降机安拆的告知、检测、验收和备案等不符合要求。

（2）特种作业人员无证上岗。

（3）施工升降机的构、配件和安全装置存在缺陷。

（4）施工升降机的安装、拆除或作业环境不符合施工专项方案和规范要求。

（5）超载。

（6）施工升降机的安装或拆除不符合施工方案的要求。

（7）未按规定进行保养和检修。

（8）防护措施缺陷。

（三）注意事项

（1）施工专项方案的编制程序符合要求，其中的作业方法、质量要求和安全技术措施符合强制性标准，并经监理机构审查批准。安装（拆除）前向建设行政主管部门办理了告知手续。

（2）施工升降机的安装、拆除单位的资质及安装、拆除人员的资格符合要求，且人证相符；三级教育和应急救援培训记录完整。

（3）拟进场施工升降机的安全技术档案齐全，符合中华人民共和国住房和城乡建设部166号令第九条的规定。

（4）安装作业前应对下列项目检查：

1）施工升降机基础以及运输道路部分的地下室顶板加固；

2）安装人员所使用的工具、安全带、安全帽；

3）现场电源、电压、运输道路、作业场地；

4）导轨架、吊笼、附墙等主要构件。

符合要求后才能允许安装。

（5）安装和拆除作业应在白天进行，并预先收听气象预报，有大风、大雾、雨雪等天气时应禁止作业，四级风以上不准进行加节作业。

（6）作业人员在进入施工现场时应穿戴安全保护用品，高处作业时应系好安全带，遵守安全生产六大纪律，熟悉并认真执行拆装工艺和操作规程。

（7）安装和拆除时，应划出安全区域，安放警示标志。项目负责人、专职安全人员应在场对施工升降机的安装、加节和拆除进行监护。

（8）作业时遇到天气变化、突然停电、机械故障等意外情况时，必须使已安装的部位达到稳定状态并固定牢固，经检查确认无隐患后，方可停止作业。

（9）安装时，施工升降机的作业平台与防护设施禁止与外脚手架或支模体系连接。

（10）施工升降机的出入口防护应符合浙江省施工安全标准化的要求。

（11）施工升降机安装后，应经有相应资质的检测机构检测合格，总承包单位组织出租、安装、使用和监理单位按规定程序验收。验收合格后方可使用，并在30天内到当地建设行政主管部门备案。

（12）施工升降机升节前，应按使用说明书的要求安装附墙装置（注意施工升降机不同使用高度对附墙间距有不同的要求）；加节作业时，应按使用说明书规定步骤进行，并注意校正垂直度，使之偏差不大于千分之一；加节后，按规定程序组织验收，通过后方可使用。

（13）施工升降机司机应取得当地建设行政主管部门颁发的特种作业人员资格证书，并按规定进行了安全技术交底。

（14）施工升降机司机应严格遵守安全操作规程，严禁人员超载，严禁擅自运输超大、超高、超重物件。

（15）每天工作前应对钢丝绳、安全开关、限位开关等进行检查，如有不符合要求的情况，应由专业机修工进行修复，经试运转确认机械性能良好后方能进行作业。

（16）施工升降机的作业环境和气候条件应符合要求，遇到风速在 12m/s 及以上的大风或大雪、大雾等恶劣天气时，应停止作业。雨雪过后，应先经过试运行，确认机械性能良好方能作业。夜间照明应符合《施工现场临时用电安全技术规范（附条文说明）》JGJ 46—2005 临时用电的要求。

（17）当施工升降机运行中出现不正常现象时，应及时停车，切断电源，找出原因，排除故障后才能继续工作，禁止在工作过程中调整或检修。

（18）工作完毕后，应将吊笼停放在最低位置，所有操作手把置于零位，关闭司机室门窗，切断总电源，锁好防护门和配电箱。

（19）每班作业应作好例行保养，并有完整的保养记录。

（20）实行多班作业的，应执行交接班制度，填写交接班记录，接班司机经检查确认无误后，方能开机作业。

（21）施工升降机的主要部件和安全装置应按规范和当地建设行政主管部门的要求进行检查、保养，每月不得少于一次，并有施工升降机安装单位出具的完整的记录。

（22）施工升降机的拆除应按施工专项方案进行，严格执行先降节、后拆除附墙装置的要求。

（23）施工升降机拆除完毕后，为拆除作业而设置的所有设施也应同步拆除，并对场地、工器具、零配件和杂物进行清理。

（24）监理机构应对施工升降机的安装、加节和拆除加强检查，对安装单位的安全技术交底实施监督，并对施工升降机的特种作业人员的资格和维修保养记录进行定期或专项检查。

现场如附图 2-14 ～附图 2-18 所示。

附图 2-14　升降机出入口防护棚　附图 2-15　安全门插销安装在升　附图 2-16　违规悬挂标语飘落
　　　　　　　　　　　　　　　　　　　　　降机一侧　　　　　　　　　　　　造成升降机停运

附图 2-17　违规使用自制的简易升降机　　　附图 2-18　违规以轮胎代替减震装置

四、××工程塔式起重机安装拆除和使用安全技术控制要点

（一）工程概况

　　××工程位于浙江省××市经济开发区，地下 3 层，地上 25 层，钢结构，建筑面积 73180m^2，选用 QTZ7030 塔式起重机。采用组合式基础，混凝土承台，4 支格构式钢柱插入工程桩。格构柱截面尺寸为 400mm×400mm，L140×10mm 等边角钢，缀板采用 360mm×250mm×10mm 钢板，4 支格构柱用型钢支撑焊接连接。根据结构设计资料，工程桩的承载能力满足塔式起重机的使用要求。

（二）施工过程中可能存在的重大安全隐患

（1）施工方案的编制、审批程序和塔机安拆的告知、检测、验收和备案等不符合要求。

（2）特种作业人员无证上岗。

（3）塔吊的构、配件和安全装置存在缺陷。

（4）塔吊安装、拆除或作业的环境不符合施工专项方案和规范要求。

（5）超载。

（6）塔吊的安装或拆除不符合施工方案的要求。

（7）未按规定进行保养和检修。

（三）注意事项

（1）施工专项方案的编制程序符合要求，其中的作业方法、质量要求和安全技术措施符合强制性标准，并经监理机构审查批准。安装（拆除）前向建设行政主管部门办理了告知手续。

（2）塔吊的安装、拆除单位的资质符合要求。

（3）塔吊的安装主管及安装、拆除人员的资格符合要求，且人证相符；三级教育记录完整。

（4）拟进场塔吊的建筑起重机械安全技术档案齐全，符合《建筑起重机械安全监督管理规定》（建设部令第 166 号）第九条的规定。

（5）安装作业前应对下列项目检查：

1）地下节、加强节和标准节、结构焊缝和重要部位螺栓等；

2）安装人员所使用的工具、安全带、安全帽等；

3）现场电源、电压、运输道路、作业场地等；

4）塔机的使用年限或安全评估报告。

符合要求后才能允许安装。

（6）安装前，工程桩（格构柱）的施工验收记录、混凝土基础的隐蔽和施工验收记录、防雷接地验收记录、同条件养护试块强度报告以及允许偏差应符合塔吊使用说明书和相关施工验收规范的要求。（混凝土强度达到 C20 及以上，允许偏差见附表 2-1，附表 2-2）

（7）安装和拆除作业应在白天进行，并预先收听气象预报，有大风、大雾、雨雪等天气时应禁止作业，四级风以上不准进行爬升作业。

（8）作业人员在进入施工现场时应穿戴安全保护用品，高处作业时应系好安全带，遵守安全生产六大纪律，熟悉并认真执行拆装工艺和操作规程。

（9）安装和拆除时，应划出安全区域，安放警示标志。项目负责人、专职安全人员应在场对塔吊的安装、升节和拆除进行监护。

（10）作业时遇到天气变化、突然停电、机械故障等意外情况时，必须使已安装的部位达到稳定状态并固定牢固，经检查确认无隐患后，方可停止作业。

（11）塔吊安装后，应经有相应资质的检测机构检测合格，总承包单位组织出租、安装、使用和监理单位按规定程序验收，通过后方可使用，并在 30 天内到当地建设行政主管部门备案。

（12）塔吊升节爬升前，应按使用说明书的要求安装附着装置；爬升作业时，应按使用说明书规定步骤进行，并注意校正垂直度，使之偏差不大于千分之一；按施工方案固定好套架。爬升后，应注意与相邻塔吊或周边建筑物、电力设施等环境的安全距离，按规定程序组织验收，通过后方可使用。

（13）塔吊使用高度超过 30m 时，应配置障碍灯，起重臂根部铰点高度超过 50m 时应配备风速仪。

（14）塔吊司机、起重信号工和司索工应取得当地建设行政主管部门颁发的特种作业人员资格证书，并按规定进行了安全技术交底。

（15）塔吊的力矩限制器、重量限制器、变幅限位器、行走限位器、高度限位器等安全保护装置不得任意调整和拆除，严禁用限位装置代替操纵机构。发现安全保护装置失灵后，应立即停止作业并向有关部门或人员报告。

（16）塔吊司机应严格遵守安全操作规程，做到"十不吊"。

（17）每天工作前应对钢丝绳、安全装置、制动器、传动机构等进行检查，如有不符合要求的情况，应由专业机修工进行修复，经试运转确认机械性能良好后方能进行作业。

（18）吊装作业的环境和气候条件应符合要求，遇到风速在 12m/s 及以上的大风或大雪、大雾等恶劣天气时，应停止作业。雨雪过后，应先经过试吊，确认制动器合格后方可起吊。夜间照明应符合《施工现场临时用电安全技术规范（附条文说明）》JGJ 46—2005 临时用电的要求。

（19）吊装作业时，起重信号工、司索工不得离岗，经检查吊具、索具合格和物件绑扎牢固后方能指挥吊装。

（20）吊装作业时禁止越级调速和高速时突然停车。

（21）当塔吊运行中出现不正常时，应及时停车，将空中物放下，切断电源，找出原因，排除故障后才能继续工作，禁止在工作过程中调整或检修。

（22）工作完毕后，应把吊钩提起，小车收进，松开回转制动器，所有操作手把置于零位，关闭司机室门窗，切断总电源，锁好配电箱。

（23）每班作业应作好例行保养，并有完整的保养记录。

（24）实行多班作业的，应执行交接班制度，填写交接班记录，接班司机经检查确认无误后，方能开机作业。

（25）塔吊的主要部件和安全装置应按规范和当地建设行政主管部门的要求进行检查、保养，每月不得少于一次，并有塔吊安装单位出具的完整的记录。

（26）塔吊的拆除应按施工专项方案进行，严格执行先降节、后拆除附着装置的要求。

（27）塔吊拆除完毕后，为拆除作业而设置的所有设施也应同步拆除，并对场地、工器具、零配件和杂物进行清理。

（28）监理机构应对塔吊的安装、爬升和拆除加强检查，对安装单位的安全技术交底实施监督，并对塔吊的特种作业人员的资格和维修保养记录进行定期或专项检查。

如附表 2-1、附表 2-2、附图 2-19 ～附图 2-23 所示。

塔机基础尺寸允许偏差和检验方法　　　　　　　　　附表2-1

项目		允许偏差（mm）	检验方法
标高		±20	水准仪或拉线、钢尺检查
平面外形尺寸（长度、宽度、高度）		±20	钢尺检查
表面平整度		10，L/1000	水准仪或拉线、钢尺检查
洞穴尺寸		±20	钢尺检查
预埋锚栓	标高（顶部）	±20	水准仪或拉线、钢尺检查
	中心距	±2	钢尺检查

注：表中L为矩形十字形基础的长边。

格构式钢柱安装的允许偏差　　　　　　　　　附表2-2

项目	允许偏差（mm）	检验方法
柱端中心线对轴线的偏差	0～20	用吊线和钢尺检查
柱基准点标高	±10	用水准仪检查
柱轴线垂直度	0.5H/100且≤35	用经纬仪或吊线和钢尺检查

注：表中H为格构式钢柱的总长度。

附图 2-19 塔吊拆除应考虑周边环境和地基承载力等因素的影响

附图 2-20 及时安装附墙装置

附图 2-21 逆作法施工时格构柱未及时设置型钢支撑

附图 2-22 超载使用后断裂的大臂和断口

附图 2-23 未按方案搭设的卸料平台

五、土方开挖与基坑支护安全技术控制要点

（一）工程概况

某工程四层地下室，建筑面积约为 4.2 万 m^2，位于杭州市滨江区，×××路以南，基坑围护采用钻孔灌注桩结合三道混凝土内支撑的复合支护结构，三轴水泥搅拌桩止水帷幕。

（1）本工程基坑开挖较深，底板开挖标高 – 18.9m、底板厚 2700mm，电梯井坑开挖标高 –23.1m，开挖土方总量约为 20 万 m^3。

（2）水文地质条件复杂，土层参数有较大的不确定性，且部分杂填土内有块石、条石，部分地下 6 ～ 8m 处存在大量地下障碍物，将对围护桩、三轴水泥土搅拌桩及深井降水造成影响。

（3）地下水位较浅，土层总体透水性强；同时距离钱塘江很近，水量补充非常丰富。

（4）土方开挖后，场地内基坑周边剩余作业面极少，材料堆放困难。

（5）基坑坑内、外采用自流深井降水。但根据地质报告，本工程地下室底板位置存在一层较厚的淤泥质粉质黏土，土层透水性差，开挖时应根据实际情况采用自吸泵或密布简易集水井降水。

（二）施工过程中可能存在的重大安全隐患

（1）止水帷幕漏水；
（2）基坑周边堆载超过设计要求；
（3）地下水位过高；
（4）承压水引起的管涌；
（5）市政管道破坏；
（6）土方超挖；
（7）高空坠物；
（8）机械伤害。

（三）注意事项

（1）施工负责人在施工前应核对土质及地下水位与勘察文件是否相符；对施工影响区域地下管道的走向和埋深情况进行标识；检查第三方基坑监测的各项准备工作是否完成。符合要求的，由施工负责人签发挖土申请，经批准后方

能开挖。

（2）监理机构应对施工单位提交的挖土申请进行审查，并对施工单位的三级安全教育记录、机械设备的进场报验、地下水位、监测、备用电源和应急救援物资等各项准备工作进行检查，符合要求后签发挖土令。

（3）施工人员进入现场必须遵守安全生产六大纪律，正确使用个人劳动防护用品，戴好安全帽，扣好帽带。

（4）电工、塔吊司机、司索和指挥等特种作业人员和土方挖掘、运输机械的作业人员必须持证上岗，并做到人证相符；非机电操作人员不得擅自动用机电设备。

（5）挖土中发现未查明的管道、电缆或其他构筑物时应及时报告，不得擅自处理。

（6）基坑周边 10m 内不得堆放钢材或土方等杂物，钢管和模板的堆放高度不得超过 1m。

（7）基坑边宜采用直径 200～300mm 的排水管（可以对开），排水坡度不小于 0.5%，根据材料的规格合理设置集水井；并安排专人对排水系统进行巡查，防止管道堵塞、积水。

（8）严格按照设计要求布置降水井和减压井，进入淤泥质土层时应采用井点降水和真空吸水相结合的措施，防止基坑积水和确保基坑底水位在开挖面以下 50cm。

（9）基坑四周及需要行走的支撑梁必须设置高度不小于 1.2m 护栏如附图 2-24 所示。

（10）施工道路下如有电缆等地下管线（道）时，必须铺设厚钢板，或浇捣混凝土加固。

（11）夜间作业必须有足够的灯光照明，除三台塔吊上的照明灯必须全部开启外，应根据作业面的工况配置灯光。

（12）人员上下的施工楼梯宜每 30m 设置一道，最大间距不超过 50m。

（13）场内道路应及时整修，雨季时要采取防止边坡坍塌措施，并有明显的指示标志，有专人负责指挥和引导车辆的行驶线路，确保安全畅通。

（14）土方机械开挖应严格执行从上而下、分层开挖的规定，每层开挖深度不得超过 2m；操作中进铲不应过深，提升不应过猛；电缆两侧 1m 范围内应采用人工挖掘；同一作业面不得上下同时开挖。

（15）土方机械不得在输电线路下工作；在输电线路一侧工作时，机械的任何部位与架空输电线路的最近距离应符合安全操作规程要求。

（16）土方机械挖土前，应检查离合器、钢丝绳等，经空车试运转正常后才能开始作业。

（17）挖土机械应停在坚实的地基上，如基础过差（淤泥质土）时，应采取铺设走道板等加固措施，挖土机械不得在挖空的基坑边 2m 内与基坑平行停、驶或进行作业。满载的运土汽车应按指定路线行驶，防止塌方翻车。

（18）挖土机向汽车上卸土应在车子停稳后进行，禁止铲斗从汽车驾驶室上越过。

（19）开挖出的土方应做到随挖随运，基坑内和基坑边不得堆放土方。

（20）挖土开挖阶段要注意土壁的稳定性，发现有裂缝及坍塌可能时，人员应立即离开并及时报告有关部门和人员采取处理措施。

（21）施工单位应对格构柱、减压井等进行标识，防止在开挖过程中由于误操作、车辆碰撞等引起的结构性损害。

（22）配合土方机械进行清底、平地、修坡以及凿桩头等人员，不准在机械回转半径下作业。

（23）根据设计标高作好清底工作，不得超挖。如果超挖应采用石子或沙土灌水回填，不得直接采用松土回填。

（24）减压井的构造和固定措施应符合设计要求，施工单位应安排专人负责降水设备的检查和维修，确保设备的正常运行和地下水位符合设计要求。监理机构应安排专人负责检查和如实记录降水设备的运行情况。

（25）施工单位的专职安全员和监理工程师应每日或雨后对基坑周边的道路、地面、支撑梁、围护桩和土体进行巡视检查，发现地面沉降、裂缝等现象应进行分析和评价，发现异常情况，及时采取措施并向有关单位报告，同时加大巡视检查的频率。

（26）监测单位应按照设计文件的要求编制监测方案，报监理机构审查；并按批准后的方案实施监测，按要求及时、真实地提供监测报告。监测的内容应符合《建筑基坑工程检测技术规范》GB 50497—2009 的要求。施工单位的项目技术负责人和监理机构的总监理工程师应每天审查检测报告，发现基坑预警或异常情况，应及时报告建设单位。建设单位接到报告后应及时召集勘察、设计、检测、施工和监理单位的有关人员，共同研究提出解决安全隐患的措施。

（27）施工单位要定期对应急救援措施进行检查，备用电源的试运行宜每周进行一次。

现场如附图 2-24 ～附图 2-33 所示。

附图 2-24　支撑梁和基坑周边围护

附图 2-25　运输道路防护

附图 2-26　道路边坡覆盖防止雨水冲刷

附图 2-27　运输车辆防撞标志

附图 2-28　基坑集中排水系统

附图 2-29　没有及时清理支撑梁底的混凝土

附图 2-30　止水系统破坏引起的基坑边坡坍塌　　　　附图 2-31　基坑底部井点降水

附图 2-32　淤泥质土基坑底部真空降水　　　　附图 2-33　因基坑周边地下障碍物影响采用
　　　　　　　　　　　　　　　　　　　　　　　　　　塑料管真空降水工艺

附录三：

安全隐患排查记录表

（1）高空作业安全隐患排查记录见附表 3-1。

（2）施工用电安全隐患检查记录见附表 3-2。

（3）起重吊装（施工升降机）安全隐患排查记录见附表 3-3。

（4）起重吊装（塔吊）安全隐患排查记录见附表 3-4。

（5）起重吊装安全隐患排查记录见附表 3-5。

（6）施工机具安全隐患排查记录见附表 3-6。

（7）扣件式钢管模板支架安全隐患排查记录见附表 3-7。

（8）门式钢管脚手架及模板支架安全隐患排查记录见附表 3-9。

（9）扣件式钢管脚手架安全隐患排查记录见附表 3-10。

（10）高处作业吊篮安全隐患排查记录见附表 3-12。

（11）卸料平台安全隐患排查记录见附表 3-13。

（12）土方开挖与基坑支护安全隐患排查记录见附表 3-14。

（13）建筑幕墙安全隐患排查记录见附表 3-16。

（14）预应力结构张拉安全隐患排查记录见附表 3-17。

（15）钢结构、网架安装安全隐患排查记录见附表 3-18。

（16）人工挖孔桩安全隐患排查记录见附表 3-19。

（17）拆除、爆破工程安全隐患排查记录见附表 3-20。

（18）城市桥梁（现浇法）安全隐患排查记录见附表 3-21。

（19）城市桥梁（装配式）安全隐患排查记录见附表 3-22。

（20）隧道（开挖法）安全隐患检查记录见附表 3-23。

（21）隧道（盾构法）安全隐患检查记录见附表 3-24。

（22）市政给水排水管道工程安全隐患检查记录见附表 3-25。

（23）施工现场消防安全隐患检查记录见附表 3-26。

检查人员可以根据建筑工程项目特点，另行编制和补充其他安全隐患排查记录表。

高空作业安全隐患排查记录表　　　　　　　　　　附表3-1

检查依据：《建筑施工高处作业安全技术规范》JGJ 80—2016

排查类别	内容
人的不安全行为	1.施工人员连续作业，疲劳过度
	2.未正确使用个人防护用品
	3.作业人员身体状况不能满足施工要求
	4.违章作业、操作不当或误操作
	5.作业人员未从规定的通道上下，在阳台之间等非规定通道进行攀登，任意利用吊车臂架等施工设备进行攀登。上下梯子时背向梯子，手持物
管理缺陷	1.安全生产责任制未建立、落实。安全管理机构不健全，未按规定配备专职安全员
	2.未按规定使用安全生产费用
	3.安全检查制度不落实
	4.施工方案审批手续不全，高处作业的安全技术措施及其所需料具未列入施工组织设计，超过一定规模的危险性较大工程安全施工方案未按规定进行专家论证
	5.施工人员未经安全教育培训与交底，"三类"人员、特种作业人员无证上岗
	6.对已发现的安全隐患未及时整改
	7.高处作业中的安全标志、工具、仪表、电气设施和各种设备未在施工前加以检查确认其完好就投入使用
	8.雨天和雪天进行高处作业时无可靠的防滑、防寒和防冻措施，水、冰、霜、雪均未及时清除，高耸建筑物未设置避雷设施，遇六级以上强风、浓雾等恶劣气候进行露天攀登与悬空高处作业，暴风雪及台风、暴雨后未对高处作业安全设施逐一加以检查和修理
物的不安全状态	1.高温（35℃以上）露天作业无防护措施；防护棚搭设与拆除时未设警戒区并未派专人监护，或上下同时搭设与拆除
	2.基坑周边，尚未安装栏杆或栏板的阳台、料台与挑平台周边，雨篷与挑檐边，无外脚手的屋面与楼层周边及水箱与水塔周边等，未设置防护栏杆
	3.分层施工的楼梯口和梯段边，未安装临时护栏
	4.防护栏杆未由上、下两道横杆及栏杆柱组成，上杆离地高度小于1.0m，下杆离地高度大于0.6m。坡度大于1：22的屋面，防护栏杆小于1.5m，未加挂安全立网。横杆长度大于2m时，未加设栏杆柱
	5.防护栏杆的上杆任何处不能经受任何方向的1000N外力。当栏杆所处位置有发生人群拥挤或物件碰撞等可能时，未加大横杆截面或加密柱距
	6.防护栏杆、接料平台两侧的栏杆未自上而下用安全立网封闭。栏杆下边未设置严密固定的高度不低于18cm的挡脚板，或挡脚板上孔眼大于25mm，或板下边距离底面的空隙大于10mm
	7.当临边的外侧面临街道时，除防护栏杆外，敞口立面未采取满挂安全网或其他全封闭处理措施

续附表

检查依据：《建筑施工高处作业安全技术规范》JGJ 80—2016

排查类别	内容
物的不安全 状态	8.板与墙的洞口未设置牢固的盖板、防护栏杆、安全网或其他防坠落的防护设施。电梯井口未设防护栏杆或固定栅门；电梯井内未每隔两层并最多隔10m设一道安全网。钢管桩、钻孔桩等桩孔上口，杯形、条形基础上口，未填土的坑槽，以及人孔、天窗、地板门等处，未采取防护措施。边长在150cm以上的洞口四周未设防护栏杆，洞口下未张设安全平网
	9.施工现场通道附近的各类洞口与坑槽等处，未设置防护设施与安全标志，夜间未设红灯示警
	10.位于车辆行驶道旁的洞口、深沟与管道坑、槽，所加盖板不能承受当地额定卡车后轮有效承载力2倍的荷载
	11.低于80cm的窗台等竖向洞口，在侧边落差大于2m时，未加设高1.2m的临时护栏。对人与物有坠落危险性的竖向的孔、洞口，未采用固定其位置的防护措施。
	12.梯脚底部不坚实，垫高使用，梯子的上端无固定措施，立梯有缺档
	13.梯子接长使用无可靠的连接措施，接头超过1处，连接后梯梁的强度低于单梯梯梁的强度
	14.固定式直爬梯未用金属材料制成。梯宽大于50cm，支撑采用小于70×6的角钢，埋设与焊接不牢固。梯子顶端的踏棍与攀登的顶面不齐平，加设的扶手小于1m。使用直爬梯进行攀登作业时，超过8m未设置梯间平台
	15.悬空作业处无牢靠的立足处，没有根据具体情况配置防护栏网、栏杆或其他安全设施
	16.钢筋绑扎时的悬空作业没有遵守下列规定：（1）绑扎钢筋和安装钢筋骨架时，必须搭设脚手架和马道。（2）绑扎圈梁、挑梁、挑檐、外墙和边柱等钢筋时，应搭设操作台架和张挂安全网。悬空大梁钢筋的绑扎，必须在满铺脚手板的支架或操作平台上操作
	17.混凝土浇筑时的悬空作业，没有遵守下列规定：（1）浇筑离地2m以上框架、过梁、雨篷和小平台时，应设操作平台，不得直接站在模板或支撑件上操作。（2）浇筑拱形结构，应自两边拱脚对称地相向进行。浇筑储仓，下口应先行封闭，并搭设脚手架以防人员坠落。（3）特殊情况下如无可靠的安全设施，必须系好安全带并扣好保险钩，或架设安全网
	18.悬空进行门窗作业时，违反下列规定：（1）安装门窗、玻璃及油漆时，严禁操作人员站在橙子、阳台栏板上操作。门窗临时固定，封填材料未达到强度，以及电焊时，严禁手拉门窗进行攀登。（2）高处外墙安装门窗，无外脚手架时，应张挂安全网。无安全网时，操作人员应系好安全带，其保险钩应挂在操作人员上方的可靠物件上。（3）进行各项窗口作业时，操作人员的重心应位于室内，不得在窗台上站立，必要时应系好安全带进行操作
	19.移动式操作平台，违反下列规定：（1）装设轮子的移动式操作平台，轮子与平台的接合处应牢固可靠，立柱底端离地面不得超过80mm。（2）操作平台四周必须按临边作业要求设置防护栏杆，并应布置登高扶梯

注：排查内容可根据项目实际情况，结合相关规范增加或减少。

施工用电安全隐患检查记录表

附表3-2

检查依据：《施工现场临时用电安全技术规范》JGJ 46—2005、《建筑机械使用安全技术规程》JGJ 33—2012

排查类别	内容
人的不安全行为	1.施工人员连续作业，疲劳过度
	2.未正确使用个人防护用品
	3.违章作业、操作不当或误操作
	4.配电柜或配电线路停电维修时，未挂接地线，未悬挂"禁止合闸、有人工作"停电标志牌。停送电无专人负责
	5.对配电箱、开关箱未定期维修、检查，或维修检查时没有将其前一级相应的电源隔离开关分闸断电，未悬挂"禁止合闸、有人工作"停电标志牌，带电作业
管理缺陷	1.安全生产责任制未建立、落实。安全管理机构不健全
	2.未按规定使用安全生产费用
	3.安全检查制度不落实
	4.施工前未编制专项施工方案或未按规定程序审批，手续不齐全
	5.施工人员未经安全教育培训、技能培训与交底，"三类"人员、特种作业人员无证上岗
	6.临时用电组织设计及变更时，没有履行"编制、审核、批准"程序，未由电气工程技术人员组织编制，未经相关部门审核及具有法人资格企业的技术负责人批准后实施。变更用电组织设计时没有补充有关图纸资料
	7.临时用电工程未经编制、审核、批准部门和使用单位共同验收合格后就投入使用
	8.临时用电工程没有按分部、分项工程进行定期检查，安全隐患未及时处理，也未履行复查验收手续
物的不安全状态	1.高温（35℃以上）露天作业无防护措施；建筑施工现场临时用电工程专用的电源中性点直接接地的220/380V三相四线制低压电力系统，违反下列规定：1）采用三级配电系统；2）采用TN－S接零保护系统；3）采用二级漏电保护系统
	2.在施工现场专用变压器的供电的TN－S接零保护系统中，电气设备的金属外壳未与保护零线连接。保护零线不是由工作接地线、配电室（总配电箱）电源侧零线或总漏电保护器电源侧零线处引出
	3.当施工现场与外电线路共用同一供电系统时，电气设备的接地、接零保护未与原系统保持一致。一部分设备做保护接零，另一部分设备做保护接地。采用TN系统做保护接零时，工作零线（N线）没有通过总漏电保护器，保护零线（PE）未由电源进线零线重复接地处或漏电保护器电源侧零线处，引出形成局部TN－S接零保护系统
	4.PE线上装设开关或熔断器，通过工作电流，或断线
	5.TN系统中的保护零线未在配电系统的中间处和末端处做重复接地。在TN系统中，保护零线每一处重复接地装置的接地电阻值大于10Ω。在工作接地电阻值允许达到10Ω的电力保护系统中，所有重复接地的等效电阻值大于10Ω
	6.做防雷接地机械上的电气设备，所连接的PE线未同时做重复接地，同一台机械电气设备的重复接地和机械的防雷接地可共用同一接地体，但接地电阻不符合重复接地电阻值的要求

续附表

检查依据：《施工现场临时用电安全技术规范》JGJ 46—2005、《建筑机械使用安全技术规程》JGJ 33—2012

排查类别	内容
物的不安全状态	7.配电柜未装设电源隔离开关及短路、过载、漏电保护电器。电源隔离开关分断时无明显可见分断点
	8.发电机组电源未与外电线路电源连锁，并列运行
	9.发电机组并列运行时，未装设同期装置，未在机组同步运行后就向负载供电
	10.电缆中未包含全部工作芯线和用作保护零线或保护线的芯线。需要三相四线制配电的电缆线路没有采用五芯电缆。五芯电缆无包含淡蓝、绿/黄二种颜色绝缘芯线。未将淡蓝色芯线用作N线，绿/黄双色芯线用作PE线，芯线混色使用
	11.电缆线路未采用埋地或架空敷设，沿地面明设，存在机械损伤和介质腐蚀情况。埋地电缆路径未设方位标志。导线破损
	12.每台用电设备无各自专用的开关箱，使用同一个开关箱直接控制2台及2台以上用电设备（含插座）
	13.配电箱的电器安装板上未分设N线端子板和PE线端子板。N线端子板未与金属电气安装板绝缘；PE线端子板未与金属电器安装板做电气连接。进出线中的N线没有通过N线端子板连接；PE线没有通过PE线端子板连接
	14.开关箱中漏电保护器的额定漏电动作电流大于30mA，额定漏电动作时间大于0.1s。使用于潮湿或有腐蚀介质场所的漏电保护器未采用防溅型产品，其额定漏电动作电流大于15mA，额定漏电动作时间大于0.1s
	15.总配电箱中漏电保护器的额定漏电动作电流小于30mA，额定漏电动作时间小于或等于0.1s，额定漏电动作电流与额定漏电动作时间的乘积大于30mA·s
	16.配电箱、开关箱的电源进线端采用插头和插座做活动连接
	17. 1）隧道、人防工程、高温、有导电灰尘、比较潮湿或灯具离地面高度低于2.5m等场所的照明，电源电压大于36V；2）潮湿和易触及带电体场所的照明，电源电压大于24V；3）特别潮湿场所、导电良好的地面、锅炉或金属容器内的照明，电源电压大于12V
	18.照明变压器未使用双绕组型安全隔离变压器，使用自耦变压器
	19.对夜间影响飞机或车辆通行的在建工程及机械设备，没有设置醒目的红色信号灯，其电源未设在施工现场总电源开关的前侧，未设置外电线路停止供电时的应急自备电源
	20.电源导线直接绑扎在金属架上
	21.配电箱电力容量在15kW以上的电源开关采用瓷底胶木刀型开关。4.5kW以上电动机用刀型开关直接启动。各种刀型开关未采用静触头接电源，动触头接载荷，倒接线
	22.对混凝土搅拌机、钢筋加工机械、木工机械、盾构机械等设备进行清理、检查、维修时，没有将其开关箱分闸断电，呈现可见电源分断点，未关门上锁

注：排查内容可根据项目实际情况，结合相关规范增加或减少。

起重吊装（施工升降机）安全隐患排查记录表 附表3-3

检查依据：《建筑施工高处作业安全技术规范》JGJ 80—2016、《建筑机械使用安全技术规程》JGJ 33—2012、《龙门架及井架物料提升机安全技术规范》JGJ 88—2010、《建筑施工升降机安装、使用、拆卸安全技术规程》JGJ 215—2010

排查类别	内容
人的不安全行为	1.施工人员连续作业，疲劳过度
	2.未正确使用个人防护用品
	3.作业人员身体状况不能满足施工要求
	4.违章作业、操作不当或误操作
	5.物料提升机载人
管理缺陷	1.安全生产责任制未建立、落实。安全管理机构不健全，未按规定配备专职安全员
	2.未编制安装、拆卸专项施工方案或未按规定程序审批，安装、拆卸前未告知工程所在地县级以上建设主管部门
	3.施工人员未经安全教育培训与交底，安装、拆除、操作人员等特种作业人员无证上岗；安装、拆除单位无起重机械安拆资质及安全生产许可证
	4.安装、拆除作业范围未设置警戒线及明显的警示标志
	5.验收前未经有相应资质的检验检测机构监督检验合格，验收合格之日起30日内未完成使用登记
	6.定期检查、维护和保养制度不落实
	7.对已发现的安全隐患未及时整改
	8.雨天和雪天进行高处作业时无可靠的防滑防寒和防冻措施，水、冰、霜、雪未及时清除，六级以上强风浓雾等恶劣气候进行作业
物的不安全状态	1.高温（35℃以上）露天作业无防护措施
	2.物料提升机钢丝绳在卷筒上未能按顺序整齐排列，端部与卷筒压紧装置连接不牢固。当吊篮处于最低位置时，卷筒上的钢丝绳少于3圈
	3.物料提升机使用摩擦式卷扬机

检查依据：《建筑施工高处作业安全技术规范》JGJ 80—2016、《建筑机械使用安全技术规程》JGJ 33—2012、《龙门架及井架物料提升机安全技术规范》JGJ 88—2010、《建筑施工升降机安装、使用、拆卸安全技术规程》JGJ 215—2010

排查类别	内容
物的不安全状态	4.物料提升机当荷载达到额定起重量的90%时，起重量限制器未发出警示信号；达到额定起重量的110%时，起重量限制器未切断上升主电路电源
	5.物料提升机吊笼提升钢丝绳断裂时，防坠安全器不能制停带有额定起重量的吊笼，或制停造成结构损坏
	6.物料提升机自升平台未采用渐进式防坠安全器
	7.物料提升机安装高度在30m及以上时采用缆风绳
	8.物料提升机附墙架间距、自由端高度大于使用说明书的规定
	9.施工升降机安装时未将按钮盒或操作盒放在吊笼顶部操作。导轨架或附墙架上有人作业时，开动施工升降机
	10.施工升降机的防坠安全器超过有效标定期
	11.施工升降机在运行中进行保养、维修

注：排查内容可根据项目实际情况，结合相关规范增加或减少。

起重吊装（塔吊）安全隐患排查记录表　　　　　附表3-4

检查依据：《建筑施工高处作业安全技术规范》JGJ 80—2016　《建筑机械使用安全技术规程》JGJ 33—2012、《塔式起重机混凝土基础工程技术规程》JGJ/T187—2009、《建筑施工塔式起重机安装、使用、拆卸安全技术规程》JGJ 196—2010

	内容
人的不安全行为	1.施工人员连续作业，疲劳过度
	2.未正确使用个人防护用品
	3.作业人员身体状况不能满足施工要求
	4.当发现异常情况或疑难问题时，未及时向技术负责人反映
管理缺陷	1.安全生产责任制未建立、落实。安全管理机构不健全，未按规定配备安、拆作业项目负责人、安全负责人、机械管理人员、专职安全员
	2.未编制安装、拆卸专项施工方案或未按规定程序审批，安装、拆卸前未告知工程所在地县级以上建设主管部门

续附表

检查依据：《建筑施工高处作业安全技术规范》JGJ 80—2016 《建筑机械使用安全技术规程》JGJ 33—2012、《塔式起重机混凝土基础工程技术规程》JGJ/T187—2009、《建筑施工塔式起重机安装、使用、拆卸安全技术规程》JGJ 196—2010

	内容
管理缺陷	3.作业人员未经安全教育培训与交底，"三类"人员、安装拆卸工、司机、信号工、司索工等特种作业无证上岗。塔吊的装、拆单位资质不符合要求，塔吊装、拆时无技术和安全人员在场监护，未设置警戒线及明显的警示标志
	4.验收前未经有相应资质的检验检测机构监督检验合格，验收合格之日起30日内未完成使用登记
	5.定期检查、维护和保养制度不落实。标准节顶升、附墙拉杆安装未进行验收
	6.雨天和雪天进行高处作业时无可靠的防滑防寒和防冻措施，水、冰、霜、雪未及时清除，六级以上强风或浓雾、大雨、大雪等恶劣气候进行装拆或吊装作业，四级以上风力进行顶升作业。大雨大雪过后作业前，未先试吊，确认制动器灵敏可靠后进行作业
	7.对已发现的安全隐患未及时整改
物的不安全状态	1.高温（35℃以上）露天作业无防护措施
	2.塔吊基础未按施工方案的要求施工，基础未经验收合格就使用；混凝土强度等级低于C25
	3.组合式基础未采用逆作法设置格构式钢柱的型钢支撑
	4.桩位或格构柱的偏差超过规范要求未采取加固补救措施
	5.连接件及防松防脱件未使用力矩扳手或专用工具紧固；用其他代用品代用
	6.结构件上有可见裂纹和严重锈蚀；主要受力构件塑性变形；连接件严重磨损和塑性变形；钢丝绳达到报废标准；安全装置不齐全或失效
	7.随意调整和拆除塔机的变幅限位器、力矩限制器、重量限制器、行走限位器、高度限位器等安全保护装置；用限位装置代替操纵机构
	8.拆卸作业未遵守先降节、后拆除附着装置的原则
	9.多台塔吊交叉作业时无防撞措施；低位塔机的起重臂端部与另一台塔机的塔身距离小于2m；高位塔机的最低位置的部件与低位塔机处于最高位置部件之间的垂直距离小于2m
	10.起吊重物长时间悬挂在空中。作业中遇突发故障，未采取措施将重物降落到安全地方，并关闭发动机或切断电源后进行检修
	11.在突然停电时，未立即把所有控制器拨到零位，断开电源总开关，并采取措施使重物降到地面
	12.塔吊作业时，起重臂和重物下方有人停留、工作或通过。用塔吊载运人员
	13.使用塔吊进行斜拉、斜吊和起吊地下埋没或凝固在地面上的重物以及其他不明重量的物体

检查依据:《建筑施工高处作业安全技术规范》JGJ 80—2016 《建筑机械使用安全技术规程》JGJ 33—2012、《塔式起重机混凝土基础工程技术规程》JGJ/T187—2009、《建筑施工塔式起重机安装、使用、拆卸安全技术规程》JGJ 196—2010

	内容
物的不安全状态	14.重物的平稳性、绑扎的牢固性、绑扎位置的合理性未经确认,易散落物件未采用吊笼、栅栏固定就起吊
	15.塔机垂直度大于4/1000,自由端最大高度不符合产品说明书要求
	16.塔吊的金属结构及所有电气设备的金属外壳,无可靠的接地装置,重复接地电阻大于10Ω
	17.塔吊在靠近架空输电线路作业时,没有可靠的外电防护措施
	18.在安装、拆除作业过程中,短时间不能继续作业时,未将已安装、拆除的部位达到稳定状态并固定牢靠,未经检查确认无隐患后就停止作业

注:排查内容可根据项目实际情况,结合相关规范增加或减少。

起重吊装安全隐患排查记录表　　　　附表3-5

检查依据:《建筑施工高处作业安全技术规范》JGJ 80—2016 《建筑机械使用安全技术规程》JGJ 33—2012

排查类别	内容
人的不安全行为	1.施工人员连续作业,疲劳过度
	2.未正确使用个人防护用品
	3.作业人员身体状况不能满足施工要求
	4.操作人员未按照指挥人员的信号进行作业
	5.当发现异常情况或疑难问题时,未及时向技术负责人反映
	6.起吊重物时未进行试吊,没有确认重物已挂牢、起重机的稳定性和制动器的可靠性能良好就起吊
	7.汽车、轮胎式起重机行驶时,人员在底盘走台上站立或蹲坐,或堆放物件
管理缺陷	1.安全生产责任制未建立、落实。安全管理机构不健全
	2.未按规定使用安全生产费用
	3.安全检查制度不落实
	4.施工前未编制专项施工方案或未按规定程序审批,手续不齐全;超过一定规模的危险性较大工程安全施工方案未按规定进行专家论证

续附表

检查依据：《建筑施工高处作业安全技术规范》JGJ 80—2016 《建筑机械使用安全技术规程》JGJ 33—2012

排查类别	内容
管理缺陷	5.作业人员未经安全教育培训、技能培训与交底，"三类"人员、司机、信号工、司索工等特种作业无证上岗。起重吊装时无技术和安全人员在场监护，未设置警戒线及明显的警示标志
	6.未按照出厂使用说明书规定超载作业或任意扩大使用范围
	7.发现的安全隐患整改不及时
	8.雨天和雪天进行高处作业时无可靠的防滑、防寒和防冻措施，水、冰、霜、雪未及时清除，六级以上强风或浓雾、大雨、大雪等恶劣气候进行吊装作业。大雨、大雪过后作业前，未先试吊，确认制动器灵敏可靠后就进行作业
	9.钢丝绳、吊钩、制动鼓的质量不符合相关标准质量的要求
物的不安全状态	1.高温（35℃以上）露天作业无防护措施
	2.随意调整或拆除起重机的变幅指示器、力矩限制器、起重量限制器以及各种行程限位开关等安全保护装置。利用限制器和限位装置代替操纵机构
	3.作业时，未设置警戒区，起重臂和重物下方有人停留、工作或通过
	4.进行斜拉、斜吊和起吊地下埋没或凝固在地面上的重物以及其他不明重量的物体。现场浇注的混凝土构件或模板没有全部松动后就起吊
	5.起吊重物长时间悬挂在空中。突发故障时未采取措施将重物降落到安全地方，并关闭发动机或切断电源后进行检修。突然停电时未立即把所有控制器拨到零位，断开电源总开关，并采取措施使重物降到地面
	6.起重机变幅没有做到缓慢平稳，在起重臂未停稳前变换挡位；起重机载荷达到额定起重量的90%及以上时下降起重臂
	7.双机抬吊作业选用起重性能不相似的起重机进行。抬吊时载荷分配不合理，单机的起吊载荷超过允许载荷的80%，吊钩滑轮组未保持垂直状态
	8.起重机带载行走时上下坡道或载荷超过允许起重量的70%
	9.带载行走的道路松软不平，重物未在起重机正前方向，离地面大于500mm，未拴好拉绳缓慢行驶。长距离带载行驶
	10.上坡时未将起重臂仰角适当放小，下坡时未将起重臂仰角适当放大。下坡空挡滑行
	11.汽车、轮胎式起重机作业前未全部伸出支腿。支腿定位销未插上。底盘为弹性悬挂的起重机放支腿前未先收紧稳定器，作业中扳动支腿操纵阀调整支腿

注：排查内容可根据项目实际情况，结合相关规范增加或减少。

施工机具安全隐患排查记录表　　　　　附表3-6

检查依据：《建筑施工高处作业安全技术规范》JGJ 80—2016 、《建筑机械使用安全技术规程》JGJ 33—2012

排查类别	内容
人的不安全行为	1.施工人员连续作业，疲劳过度
	2.未正确使用个人防护用品。长发未束紧、外露
	3.发生人身触电时，未立即切断电源，就对触电者作紧急救护，或触电者直接接触
	4.打桩机在桩锤施打过程中，操作人员未在距离桩锤中心5m以外监视；或在吊有桩和锤的情况下，操作人员离开岗位
	5.强夯机夯锤下落后，在吊钩尚未降至夯锤吊环附近前，操作人员提前下坑挂钩。从坑中提锤时，挂钩人员站在锤上随锤提升
	6.对承压状态的压力容器及管道、带电设备、承载结构的受力部位和装有易燃、易爆物品的容器进行焊接和切割
管理缺陷	1.安全生产责任制未建立、落实。安全管理机构不健全，未按规定配备专职安全员
	2.安全检查制度不落实
	3.作业人员未经安全教育培训与交底，"三类"人员、特种作业无证上岗。操作人员未经体检合格，有妨碍作业的疾病和生理缺陷。学员无专人指导下独立工作
	4.施工机具安装后未经企业安全管理部门验收或验收不合格即投入使用；机具未按照出厂使用说明书规定超载作业或任意扩大使用范围
	5.对已发现的安全隐患整改不及时
	6.焊接作业未采取防止触电、高空坠落、瓦斯中毒和火灾等事故的安全措施。在容器内焊接时未采取防止触电、中毒和窒息的措施，并在容器外未设专人监护
	7.高空焊接或切割时，未办理动火审批手续，未采取防火措施，无专人监护
物的不安全状态	1.高温（35℃以上）露天作业无防护措施
	2.机械上的各种安全防护装置及监测、指示、仪表、报警等自动报答、信号装置有缺损时未及时修复。安全防护装置不完整或使用已失效的机械
	3.利用大地或借用机械本身金属结构做工作零线。电气设备的每个保护接地或保护接零点未用单独的接地（零）线与接地干线（或保护零线）相连接。在一个接地（零）线中串接几个接地（零）点
	4.带电作业或采用预约停送电时间的方式进行电气检修。检修前未先切断电源并在电源开关上挂"禁止合闸，有人工作"的警告牌。警告牌的挂、取没有专人负责

续附表

检查依据：《建筑施工高处作业安全技术规范》JGJ 80—2016 、《建筑机械使用安全技术规程》JGJ 33—2012

排查类别	内容
物的不安全状态	5.使用射钉枪时违反下列要求：1）严禁用手掌推压钉管和将枪口对准人；2）击发时，应将射钉枪垂直压紧在工作面上，当两次扣动扳机，子弹均不击发时，应保持原射击位置数秒钟后，再退出射钉弹；3）在更换零件或断开射钉枪之前，射钉枪内均不得装有射钉
	6.夯实机作业时，无人员传递电缆线，或递线人员未戴绝缘手套和穿绝缘鞋，未跟随夯机调顺电缆线，电缆线扭结或缠绕，张拉过紧，没有保持有3~4m的余量
	7.电动冲击夯未装漏电保护装置，操作人员未戴绝缘手套、穿绝缘鞋。作业时，电缆线拉得过紧，线头松动及引起漏电，冒雨作业
	8.机动翻斗车的内燃机运转或料斗内载荷时，在车底下进行任何作业
	9.打桩机作业区内有高压线路。作业区无明显标志或围栏。吊桩、吊锤、围转或行走等动作同时进行
	10.悬挂振动桩锤的起重机，其吊钩上没有防松脱的保护装置。振动桩锤悬挂钢架的耳环上未加装保险钢丝绳
	11.潜水泵放入水中或提出水面时，未先切断电源，拉拽电缆或出水管
	12.混凝土搅拌机作业中，当料斗升起时人在料斗下停留或通过；当在料斗下检修或清理料坑时，未将料斗提升后用铁链固定或插入销锁住
	13.插入式振动器电缆线不满足操作所需的长度。电缆线上堆压物品或让车辆挤压，用电缆线拖拉或吊挂振动器
	14.钢筋冷拉场地未在两端地锚外侧设置警戒区，未安装防护栏及警告标志
	15.高压无气喷涂机喷涂燃点在21℃以下的易燃涂料时，未接好地线，电动机接地零线未与涂料桶或被喷的金属物体连接。喷涂机和被喷物放在同一房间里，周围有明火
	16.当需施焊受压容器、密封容器、油桶、管道、沾有可燃气体和溶液的工作时，未先消除容器及管道内压力、可燃气体和溶液，未先对有毒、有害、易燃物质进行冲洗；对存有残余油脂的容器，未先用蒸汽、碱水冲洗，并打开盖口，确认容器清洗干净后，再灌满清水就进行焊接。焊、割密封容器未留出气孔，未在进、出气口处装设通风设备；容器内照明电压超过12V，焊工与焊件间未绝缘；在已喷涂过油漆和塑料的容器内焊接
	17.电石起火时未用干砂或二氧化碳灭火器，用泡沫、四氯化碳灭火器或水灭火。电石粒末未在露天销毁
	18.使用未安装减压器的氧气瓶

注：排查内容可根据项目实际情况，结合相关规范增加或减少。

建筑工程施工重大安全隐患防治

扣件式钢管模板支架安全隐患排查记录表　　　　附表3-7

检查依据：《建筑施工扣件式钢管脚手架安全技术规范》JGJ 130—2011、《建筑施工扣件式钢管模板支架技术规程》DB 33/1035—2006、《建筑施工高处作业安全技术规范》JGJ 80—2016、《混凝土结构工程施工质量验收规范》GB 50204—2015、《建筑施工模板安全技术规范》JGJ 162—2008、《建筑施工门式钢管脚手架安全技术规范》JGJ 128—2010

排查类别	内容
人的不安全行为	1.施工人员连续作业，疲劳过度
	2.未正确使用个人防护用品
	3.违章作业、操作不当或误操作
	4.抛掷钢管、构配件
管理缺陷	1.安全生产责任制未建立、落实。安全管理机构不健全，未按规定配备专职安全员
	2.未按规定使用安全生产费用
	3.安全检查制度未落实
	4.施工前未编制专项施工方案或未按规定程序审批，手续不齐全。高大支模架施工专项方案未经专家论证，受压构件长细比大于150
	5.使用未经抽样检测或检测不合格的钢管、扣件或抽检数量未按有关规定执行。扣件无合格证，在使用前未逐个挑选
	6.施工人员未经安全教育培训与交底，脚手架搭设人员没有定期体检，无证上岗
	7.对已发现的安全隐患未及时整改
物的不安全状态	1.高温（35℃以上）露天作业无防护措施；模板及其支架拆除的顺序及安全措施不按施工技术方案执行
	2.模板支架的钢管未采用标准规格ϕ48×3.6mm，壁厚小于3.0mm。钢管上打孔
	3.主节点处未设置一根横向水平杆，未用直角扣件扣接
	4.模板支架未设置纵、横向扫地杆。纵向扫地杆未采用直角扣件固定在距底座上皮不大于200mm处的立杆上。横向扫地杆未采用直角扣件固定在紧靠纵向扫地杆下方的立杆上。当立杆基础不在同一高度上时未将高处的纵向扫地杆向低处延长两跨与立杆固定，高低差大于1m。靠边坡上方的立杆轴线到边坡的距离小于500mm
	5.除顶层顶步外，立杆接长未采用对接扣件连接。立杆上的对接扣件没有交错布置，两根相邻立杆的接头设置在同步内；搭接长度小于1m，未采用不少于2个旋转扣件固定，端部扣件盖板的边缘至杆端距离小于100mm。可调支托螺杆伸出钢管顶部大于200mm，外径与立柱钢管内径的间隙大于3mm，支托板厚小于5mm

190

续附表

检查依据：《建筑施工扣件式钢管脚手架安全技术规范》JGJ 130—2011、《建筑施工扣件式钢管模板支架技术规程》DB 33/1035—2006、《建筑施工高处作业安全技术规范》JGJ 80—2016、《混凝土结构工程施工质量验收规范》GB 50204—2015、《建筑施工模板安全技术规范》JGJ 162—2008、《建筑施工门式钢管脚手架安全技术规范》JGJ 128—2010

排查类别	内容
物的不安全状态	6.水平拉杆的端部未与四周建筑物顶紧、顶牢，无处可顶及满堂模板和共享空间模板支架立柱外侧周围未设竖向连续式剪刀撑，中间未每隔10m设置竖向连续式剪刀撑、并在剪刀撑的顶部、扫地杆处设置水平剪刀撑。高大支模架搭设不符合专项施工方案要求
	7.立杆高度超过5m时，周围外侧和中间有结构柱的部位未按水平间距小于9m、竖向间距小于3m与建筑结构设置固结点
	8.不同外径的钢管混合使用
	9.搭设脚手架的场地不平整坚实，地面积水，回填土地面没有分层回填，逐层夯实
	10.剪刀撑、横向斜撑搭设未随立杆、纵向和横向水平杆等同步搭设
	11.拆除作业未遵守由上而下逐步进行，严禁上下同时作业的规定
	12.使用有裂缝、变形的扣件和出现滑丝的螺栓
	13.作业层上、满堂支撑架顶部的施工荷载不符合设计要求，超载。荷载通过扣件传递给立杆。脚手架、缆风绳、混凝土和砂浆的输送管与模板支架相连。悬挂起重设备
	14.使用期间拆除杆件主节点处的纵、横向水平杆，纵、横向扫地杆、剪刀撑
	15.底模及其支架拆除时的混凝土强度不符合设计要求，当设计无具体要求时，混凝土强度不符合表A.10的规定
	16.支模未按规定的作业程序进行，模板固定前进行下一道工序施工，在连接件和支撑件上攀登上下，在上下同一垂直面上装拆模板，结构复杂的模板装拆未严格按照施工组织设计的措施进行
	17.支设悬挑形式的模板时无稳固的立足点，支设临空构筑物模板时未搭设支架或脚手架，模板上有预留洞时未在安装后将洞盖住，混凝土板上拆模后形成的临边或洞口未按规范进行防护。拆模高处作业，未配置登高用具或搭设支架
	18.钢模板部件拆除后，临时堆放处离楼层边沿小于1m，堆放高度超过1m，楼层边口、通道口、脚手架边缘等处，堆放拆下物件

注：1.排查内容可根据项目实际情况，结合相关规范增加或减少。
　　2.底模及其支架拆除时的混凝土强度要求见附表3-8。

附表3-8

构件类型	构件跨度（m）	达到设计的混凝土立方体抗压强度标准的百分率（%）
板	≤2	≥50
	>2，≤8	≥75
	>8	≥100
梁、拱壳	≤8	≥75
	>8	≥100
悬臂构件	—	≥100

门式钢管脚手架及模板支架安全隐患排查记录表　　附表3-9

检查依据：《建筑施工门式钢管脚手架安全技术规范》JGJ 128—2010、《建筑施工高处作业安全技术规范》JGJ 80—2016、《混凝土结构工程施工质量验收规范》GB 50204—2015

排查类别	内容
人的不安全行为	1.施工人员连续作业，疲劳过度
	2.未正确使用个人防护用品，没有戴安全帽，系安全带，穿防滑鞋
	3.违章作业、操作不当或误操作
	4.将钢管、构配件抛掷至地面
	5.沿脚手架外侧任意攀登
管理缺陷	1.安全生产责任制未建立、落实。安全管理机构不健全，未按规定配备专职安全员
	2.未按规定使用安全生产费用
	3.安全检查制度不落实
	4.施工前未编制专项施工方案或未按规定程序审批，手续不齐全；超过一定规模的危险性较大工程安全施工方案未按规定进行专家论证
	5.施工人员未经安全教育培训与交底，"三类"人员、特种作业人员无证上岗，没有定期进行体检
	6.对已发现的安全隐患未及时整改

续附表

检查依据：《建筑施工门式钢管脚手架安全技术规范》JGJ 128—2010、《建筑施工高处作业安全技术规范》JGJ 80—2016、《混凝土结构工程施工质量验收规范》GB 50204—2015

排查类别	内容
管理缺陷	7.雨天和雪天进行高处作业时无可靠的防滑防寒和防冻措施，水、冰、霜、雪未及时清除，高耸建筑物未设置避雷设施，遇六级以上强风浓雾等恶劣气候进行露天攀登与悬空高处作业，暴风雪及台风暴雨后未对高处作业安全设施逐一加以检查、修理
物的不安全状态	1.高温（35℃以上）露天作业无防护措施
	2.不同型号的门架与配件混合使用
	3.高度在24m以上或悬挑的脚手架未在外侧全立面设置连续剪刀撑；高度在24m及以下的脚手架，未在外侧两端、转角及中间间隔不超过15m的立面各设置一道剪刀撑，并应由底至顶连续设置
	4.转角处或开口型脚手架的端部未设置连墙件，连墙件的垂直间距大于建筑物的层高或大于4m
	5.搭设脚手架的场地不平整坚实，地面积水，回填土地面没有分层回填，逐层夯实
	6.连墙件的安装滞后，未随脚手架搭设同步进行；脚手架高出连墙件两步以上未采取确保架体稳定的临时拉结措施
	7.加固杆、剪刀撑没有与脚手架同步搭设
	8.拆除作业没有遵守下列规定：1）由上而下逐步进行，严禁上下同时作业；2）同一层的构配件和加固杆按先上后下、先外后内顺序拆除；3）连墙件必须随脚手架逐层拆除，4）严禁先将连墙件整层或数层拆除后再拆脚手架；5）架体自由高度大于两步时，加设临时拉结
	9.剪刀撑等加固杆件，没有在脚手架拆卸到相关的门架时已经拆除
	10.脚手架与模板支架作业层上超载。模板支架、揽风绳、混凝土泵管、卸料平台等固定在脚手架上
	11.在脚手架基础附近进行挖掘作业
	12.施工期间拆除满堂脚手架和模板支架的交叉支撑和加固杆
	13.脚手架或模板支架上进行电、气焊时，无防火措施、无专人看护
	14.搭拆时未设置警戒线、警戒标志，无专人看守

注：排查内容可根据项目实际情况，结合相关规范增加或减少。

扣件式钢管脚手架安全隐患排查记录表   附表3—10

检查依据：《建筑施工扣件式钢管脚手架安全技术规范》JGJ 130—2011、《建筑施工高处作业安全技术规范》JGJ 80—2016、《建筑施工安全检查标准》JGJ 59—2011

排查类别	内容
人的不安全行为	1.施工人员连续作业，疲劳过度
	2.未正确使用个人防护用品（戴安全帽、系安全带、穿防滑鞋）
	3.违章作业、操作不当或误操作
	4.抛掷钢管、构配件
管理缺陷	1.安全生产责任制未建立、落实。安全管理机构不健全，未按规定配备专职安全员
	2.未按规定使用安全生产费用
	3.安全检查制度未落实
	4.未按规定编制施工方案，或施工方案未按规定程序审批，手续不齐全。搭设高度50m及以上落地脚手架工程，架体高度20m及以上悬挑式脚手架工程施工方案未经专家论证
	5.使用未经抽样检测或检测不合格的钢管、扣件或抽检数量未按有关规定执行。扣件无合格证，使用前未逐个挑选
	6.施工人员未经安全教育培训与交底，脚手架搭设人员没有定期体检，无证上岗
	7.对已发现的安全隐患未及时整改
物的不安全状态	1.高温（35℃以上）露天作业无防护措施；钢管未采用标准规格φ48×3.6mm，壁厚小于3.0mm；钢管上打孔
	2.主节点处未设置一根横向水平杆，未用直角扣件扣接
	3.脚手架未设置纵、横向扫地杆。纵向扫地杆未采用直角扣件固定在距底座上皮不大于200mm处的立杆上。横向扫地杆未采用直角扣件固定在紧靠纵向扫地杆下方的立杆上。当立杆基础不在同一高度上时未将高处的纵向扫地杆向低处延长两跨与立杆固定，高低差大于1m。靠边坡上方的立杆轴线到边坡的距离小于500mm
	4.除顶层顶步外，立杆各步接头未采用对接扣件连接。1）立杆上的对接扣件没有交错布置，两根相邻立杆的接头设置在同步内；2）搭接长度小于1m，采用1个旋转扣件固定，端部扣件盖板的边缘至杆端距离小于100mm
	5.开口型脚手架的两端未设置连墙件，连墙件的垂直间距大于建筑物的层高或大于4m（两步）
	6.高度在24m及以上的双排脚手架未在外侧全立面设置连续剪刀撑；高度在24m以下的单、双排脚手架，未在外侧两端、转角及中间间隔不超过15m的立面各设置一道剪刀撑，并应由底至顶连续设置

续附表

检查依据：《建筑施工扣件式钢管脚手架安全技术规范》JGJ 130—2011、《建筑施工高处作业安全技术规范》JGJ 80—2016、《建筑施工安全检查标准》JGJ 59—2011

排查类别	内容
物的不安全状态	7.开口型双排脚手架的两端未设置横向斜撑
	8.当脚手架基础下有设备基础、管沟时，在脚手架使用过程中没有采取加固措施就开挖
	9.脚手架未配合施工进度搭设，一次搭设高度超过相邻连墙件以上两步
	10.不同外径的钢管混合使用
	11.剪刀撑、横向斜撑搭设未随立杆、纵向和横向水平杆等同步搭设
	12.拆除作业没有遵守下列规定：1）由上而下逐步进行，2）严禁上下同时作业；3）连墙件必须随脚手架逐层拆除，4）严禁先将连墙件整层或数层拆除后再拆脚手架；5）分段拆除高差不应大于两步，如高差大于两步，应增设连墙件加固
	13.使用有裂缝、变形的扣件和出现滑丝的螺栓
	14.满堂支撑架顶部、作业层上的施工荷载不符合设计要求，超载。将模板支架、缆风绳、泵送混凝土和砂浆的输送管等固定在脚手架上；悬挂起重设备
	15.使用期间拆除杆件主节点处的纵、横向水平杆，纵、横向扫地杆、连墙件
	16.悬挑架外挑杆件与建筑结构连接不牢固
	17.悬挑架悬挑梁安装不符合设计要求
	18.悬挑架立杆底部固定不牢

注：1.排查内容可根据项目实际情况，结合相关规范增加或减少。
　　2.常用敞开式双排脚手架的设计尺寸（m）（调整2011版）见附表3-11。

常用敞开式双排脚手架的设计尺寸 附表3-11

连墙件设置	立杆横距 L_b	步距 h	下列荷载时的立杆纵距 L_a（m）				脚手架允许搭设高度（H）
			2+4×0.35（kN/m²）	2+2+4×0.35（kN/m²）	3+4×0.35（kN/m²）	3+2+4×0.35（kN/m²）	
二步三跨	1.05	1.20～1.35	2.0	1.8	1.5	1.5	50
		1.80	2.0	1.8	1.5	1.5	50
	1.30	1.20～1.35	1.8	1.5	1.5	1.5	50
		1.80	1.8	1.5	1.5	1.2	50

195

续附表

连墙件设置	立杆横距L_b	步距h	下列荷载时的立杆纵距L_a（m）				脚手架允许搭设高度（H）
			2+4×0.35（kN/m²）	2+2+4×0.35（kN/m²）	3+4×0.35（kN/m²）	3+2+4×0.35（kN/m²）	
二步三跨	1.55	1.20~1.35	1.8	1.5	1.5	1.5	50
		1.80	1.8	1.5	1.5	1.2	37
三步三跨	1.05	1.20~1.35	2.0	1.8	1.5	1.5	50
		1.80	2.0	1.5	1.5	1.5	34
	1.30	1.20~1.35	1.8	1.5	1.5	1.5	50
		1.80	1.8	1.5	1.5	1.2	30

注：1.表中所示2+2+4×0.35（kN/m²），包括下列荷载：2+2（kN/m²）是二层装修作业层施工荷载；4×0.35（kN/m²）包括二层作业层脚手板，另两层脚手板是根据《建筑施工扣件式钢管脚手架安全技术规范》JGJ 130—2011第7.3.12条的规定确定。

2.作业层横向水平杆间距，应按不大于L_a/2设置。

高处作业吊篮安全隐患排查记录表 附表3-12

检查依据：《建筑施工工具式脚手架安全技术规范》JGJ 202—2010、《建筑施工高处作业安全技术规范》JGJ 80—2016、《建筑施工安全检查标准》JGJ 59—2011

排查类别	内容
人的不安全行为	1.施工人员连续作业，疲劳过度
	2.未正确使用个人防护用品（戴安全帽、系安全带、穿防滑鞋）
	3.违章作业、操作不当或误操作
	4.从建筑物顶部、窗口或其他孔洞处出入吊篮
	5.从高处抛吊篮部件
管理缺陷	1.安全生产责任制未建立、落实。安全管理机构不健全，未按规定配备专职安全员
	2.安全检查制度未落实
	3.未按规定编制施工方案，或施工方案未按规定程序审批，手续不齐全；50m及以上幕墙工程用吊篮施工方案架体未经专家论证
	4.施工人员未经安全教育培训与交底，吊篮安装人员没有定期体检，无证上岗
	5.吊篮使用前未经检测合格或按当地建设行政主管部门规定备案
	6.对已发现的安全隐患未及时整改

续附表

检查依据：《建筑施工工具式脚手架安全技术规范》JGJ 202—2010、《建筑施工高处作业安全技术规范》JGJ 80—2016、《建筑施工安全检查标准》JGJ 59—2011

排查类别	内容
物的不安全状态	1.吊篮配套的钢丝绳、索具、电缆、安全绳不符合相应的国家产品质量标准
	2.连接件和紧固件不符合吊篮安装使用说明书的相关要求
	3.构配件出现塑性变形或锈蚀严重；防坠落装置的部件明显变形
	4.固定式悬挂吊篮后支架拉接点的锚固钢筋直径小于16mm，或锚固长度不足
	5.安装前或使用时，未划定安全隔离区域和设置警示标志，未排除作业障碍
	6.悬挂机构前支架支撑在女儿墙上、女儿墙外或建筑物挑檐边缘
	7.悬挂机构的外伸长度、前后水平高差不符合施工方案的要求
	8.配重件安放不可靠，无防止随意移动的措施
	9.吊篮作为垂直运输设备或运送物料
	10.吊篮内的作业人员超过2个
	11.未设置专用的安全绳及安全锁扣。安全绳未单独固定在建筑物可靠位置上，未采用锦纶材质
	12.升降运行时，工作平台两端高差超过150mm
	13.喷涂作业或使用腐蚀性液体进行清洗时，未对提升机、安全锁、电气控制柜采取防污染保护措施
	14.进行电焊作业时，未对设备、钢丝绳、电缆采取保护措施。电焊机放置在吊篮内；电焊缆线与吊篮接触；电焊钳搭挂在吊篮上
	15.恶劣天气时未停止作业，未将吊篮平台停放至地面并对钢丝绳、电缆进行绑扎固定
	16.下班后将吊篮停留在半空中；人员离开吊篮、进行吊篮维修或每日收工后未将主电源切断并将电气柜中各开关置于断开位置并加锁
	17.拆除时，未对作业人员和设备采取相应的安全措施；拆卸分解后的构配件放置在建筑物边缘时无防止坠落的措施。零散物品未放置在容器中

注：排查内容可根据项目实际情况，结合相关规范增加或减少。

197

卸料平台安全隐患排查记录表 　　　　　　　　附表3-13

检查依据：《建筑施工高处作业安全技术规范》JGJ 80—2016、《浙江省建筑施工现场安全质量标准化管理实用手册》

排查类别	内容
人的不安全行为	1.施工人员连续作业，疲劳过度
	2.未正确使用个人防护用品
	3.作业人员身体状况不能满足施工要求
	4.违章作业、操作不当或误操作
管理缺陷	1.安全生产责任制未建立、落实。安全管理机构不健全，未按规定配备专职安全员
	2.安全检查制度不落实，卸料平台使用前没有进行检查验收，使用时没有配备专人指挥
	3.悬挑式钢平台未按相应规范进行设计，计算书及图纸未编入专项施工方案，施工方案未经审批或审批手续不全
	4.施工人员未经安全教育培训与交底，"三类"人员、特种作业人员无证上岗
	5.对已发现的安全隐患未及时整改
	6.雨天和雪天进行高处作业时无可靠的防滑防寒和防冻措施，水、冰、霜、雪未及时清除，六级以上强风、浓雾等恶劣气候进行安装、拆除作业
物的不安全状态	1.高温（35℃以上）露天作业无防护措施
	2.卸料平台搁支端未设固定环与水平止滑块，左右晃动
	3.卸料平台的搁支点与上部拉结点设置在脚手架等施工设施上，没有固定在建筑物结构上
	4.卸料平台吊环没有采用甲类3号沸腾钢制作，吊环少于4个。吊运平台时未使用卡环，吊钩直接钩挂吊环
	5.卸料平台未采用4根匹配的钢丝索与预埋的钢筋吊环可靠拉接
	6.卸料平台安装时，钢丝绳未采用专用的挂钩挂牢，采取其他方式时卡头的卡子少于3个。建筑物锐利口围系钢丝绳处未加衬软垫物，卸料平台外口没有略高于内口
	7.卸料平台左右两侧未装置固定的防护栏杆
	8.卸料平台吊装时在没有将支撑点固定好，钢丝绳调整完毕，经过检查验收后就松卸起重吊钩，上下交叉操作
	9.钢丝绳锈蚀损坏，吊环焊缝脱焊
	10.卸料平台上没有在显著位置处标明容许荷载值。人员和物料的总重量超过设计的容许荷载
	11.卸料平台没有采取可靠的措施，直接搁置在阳台等悬臂结构上

注：排查内容可根据项目实际情况，结合相关规范增加或减少。

土方开挖与基坑支护安全隐患排查记录表　　　附表3–14

检查依据：《建筑地基基础工程施工质量验收规范》GB 50202—2002、《建筑基坑支护技术规程》JGJ 120—2012、《建筑机械使用安全技术规程》JGJ 33—2012《先张法预应力混凝土管桩基础技术规程》DB 34/5005—2014、《建筑边坡工程技术规范》GB 50330—2013

排查类别	内容
人的不安全行为	1.施工人员连续作业，疲劳过度
	2.未正确使用个人防护用品
	3.作业人员身体状况不能满足施工要求
	4.违章作业、操作不当或误操作
管理缺陷	1.安全生产责任制未建立、落实。安全管理机构不健全，未按规定配备专职安全员
	2.未按规定使用安全生产费用
	3.安全检查制度不落实
	4.未按规定编制施工方案，或施工方案审批手续不全，超过一定规模的危险性较大工程的设计及施工方案未按规定进行专家论证
	5.一级边坡工程施工未采用信息化施工法
	6.施工人员未经安全教育培训与交底，"三类"人员、特种作业人员无证上岗
	7.在施工中遇下列情况之一时未立即停工：1）填挖区土体不稳定，有发生坍塌危险；2）气候突变，发生暴雨、水位暴涨或山洪暴发；3）在爆破警戒区内发出爆破信号时；4）地面涌水冒泥，出现陷车或因雨发生坡道打滑：5）工作面净空不足以保证安全作业；6）施工标志、防护设施损毁失效
	8.对已发现的安全隐患未及时整改
物的不安全状态	1.高温（35℃以上）露天作业无防护措施
	2.土方开挖的顺序、方法与设计工况不一致，未遵循"开槽支撑，先撑后挖，分层开挖，严禁超挖"的原则。边打桩边开挖基坑
	3.基坑（槽）、管沟土方工程基坑变形监控值大于设计要求或附表3-15的规定，或支撑结构应力监控值超过预警值无消警措施
	4.基坑边界周围地面无排水沟，坡顶、坡面、坡脚无降、排水措施
	5.基坑周边超载
	6.开挖过程中未采取防止碰撞支护结构、工程桩或扰动基底原状土的措施
	7.对开挖后不稳定或欠稳定的边坡，未根据边坡的地质特征和可能发生的破坏等情况，采取自上而下、分段跳槽、及时支护的逆作法或部分逆作法施工，大开挖、大爆破作业无序
	8.岩石边坡开挖采用爆破法施工时，未采用有效措施避免爆破对边坡和坡顶建（构）筑物的震害

检查依据：《建筑地基基础工程施工质量验收规范》GB 50202—2002、《建筑基坑支护技术规程》JGJ 120—2012、《建筑机械使用安全技术规程》JGJ 33—2012《先张法预应力混凝土管桩基础技术规程》DB 34/5005—2014、《建筑边坡工程技术规范》GB 50330—2013

排查类别	内容
物的不安全状态	9.土石方机械施工区内有地下电缆和供排水管道时，没有查明走向，未用明显记号标示，在离电缆1m距离以内作业
	10.配合土石方机械作业的清底、平地、修坡等人员，在机械的回转半径以内工作
	11.挖掘机行走时，未做到主动轮在后面、臂杆与履带平行、制动住回转机构、铲斗离地面1m左右。上下坡道超过本机允许最大坡度，下坡未慢速行驶，在坡道上变速和空挡滑行
	12.在行驶或作业中，驾驶室外乘坐或站立人员，人员上下机械，传递物件，以及在铲斗内、拖耙或机架上坐立，车厢内载人
	13.推土机行驶前，人站在履带或刀片的支架上，机械四周有障碍物，未确认安全后开动
	14.人货混装
	15.自卸汽车卸料后，车厢没有及时复位，在倾卸情况下行驶
	16.非作业行驶时，铲斗未用锁紧链条挂牢在运输行驶位置上，机上载人或装载易燃、易爆物品
	17.配合挖装机械装料时，自卸汽车就位后未拉紧手制动器。在铲斗需越过驾驶室时，驾驶室内有人
	18.机械运行中，接触转动部位和进行检修。在修理（焊、铆等）工作装置时，未使其降到最低位置，未在悬空部位垫上垫木

注：1.排查内容可根据项目实际情况，结合相关规范增加或减少。

2.基坑变形的监控值（cm）见附表3-15。

基坑变形的监控值　　　　　　　　　　　　　　　　　　附表3-15

基坑类别	围护结构墙顶位移监控值	围护结构墙体最大位移监控值	地面最大沉降监控值
一级基坑	3	5	3
二级基坑	6	8	6
三级基坑	8	10	10

注：1.符合下列情况之一，为一级基坑：

1）重要工程或支护结构做主体的一部分；

2）开挖深度大于10m；

3）与邻近建筑物，重要设施的距离在开挖深度以内的基坑；

4）基坑范围内有历史文物、近代优秀建筑、重要管线等需严加保护的基坑。

2.三级基坑为开挖深度小于7m，且周围环境无特别要求时的基坑。

3.除一级和三级外的基坑属二级基坑。

4.当周围已有的设施有特殊要求时，尚应符合这些要求。

建筑幕墙安全隐患排查记录表　　　　　附表3-16

检查依据：《玻璃幕墙工程技术规范》JGJ 102—2003、《金属与石材幕墙工程技术规范》JGJ 133—2001、《点支式玻璃幕墙工程技术规程》CECS 127—2001、《建筑施工高处作业安全技术规范》JGJ 80—2016、《建筑机械使用安全技术规程》JGJ 33—2012、《施工现场临时用电安全技术规范》JGJ 46—2005、《建筑施工工具式脚手架安全技术规范》JGJ 202—2010

排查类别	内容
人的不安全行为	1.施工人员连续作业，疲劳过度
	2.未正确使用个人防护用品。吊篮上的施工人员未系安全带，未吊挂在专用安全绳上
	3.作业人员身体状况不能满足施工要求
	4.违章作业、操作不当或误操作
管理缺陷	1.安全生产责任制未建立、落实。安全管理机构不健全，未按规定配备专职安全员
	2.未按规定使用安全生产费用
	3.定期检查、维护和保养制度不落实
	4.施工前未编制专项施工方案或未按规定程序审批；施工高度50m及以上的建筑幕墙安装工程未按规定进行专家论证
	5.吊篮安装、拆卸施工前未编制专项施工方案或未按规定程序审批；吊篮验收前未经有相应资质的检验检测机构监督检验合格，验收合格后未按当地建设行政主管部门的规定完成使用登记
	6.施工人员未经安全教育培训与交底，"三类"人员、特种作业人员无证上岗、安装单位资质不符合要求
	7.对已发现的安全隐患未及时整改
	8.雨天和雪天进行高处作业时无可靠的防滑防寒和防冻措施，水、冰、霜、雪未及时清除，六级以上强风、浓雾等恶劣气候进行作业
物的不安全状态	1.高温（35℃以上）露天作业无防护措施
	2.当高层建筑的幕墙安装与主体结构施工交叉作业时，在主体结构的施工层下方未设置防护网；在距离地面约3m高度处，未设置挑出宽度不小于6m的水平防护网
	3.采用吊篮施工时将吊篮作为竖向运输工具，并超载；在空中进行吊篮维修
	4.现场焊接作业时未采取防火措施

注：排查内容可根据项目实际情况，结合相关规范增加或减少。

预应力结构张拉安全隐患排查记录表　　　　　　　附表3-17

检查依据：《建筑施工高处作业安全技术规范》JGJ 80—2016、《建筑机械使用安全技术规程》JGJ 33—2012、《预应力混凝土用钢丝》GB/T 5223—2014、《预应力混凝土用钢绞线》（GB/T 5224—2014、《预应力筋用锚具、夹具和连接器应用技术规程》JGJ 85—2010

排查类别	内容
人的不安全行为	1.施工人员连续作业，疲劳过度
	2.未正确使用个人防护用品。用电热张拉法带电操作时，未穿戴绝缘胶鞋和绝缘手套
	3.张拉时，两端站人。操作不平稳、不均匀。在有压力情况下拆卸拉伸机液压系统的任何零件
	4.张拉时，用手摸或脚踩钢丝，测量钢丝的伸长时，没有停止拉伸，操作人员没有站在侧面操作
	5.油泵开动中操作人员擅自离开岗位
管理缺陷	1.安全生产责任制未建立、落实。安全管理机构不健全，未按规定配备专职安全员
	2.未按规定使用安全生产费用
	3.安全检查制度不落实
	4.施工前未编制专项施工方案或施工方案未经审批，审批手续不全
	5.作业人员未经安全教育培训与交底，"三类"人员、特种作业无证上岗，操作人员未经体检合格，有妨碍作业的疾病和生理缺陷
	6.预应力张拉没有专人负责指挥；预应力筋伸长率、张拉应力、张拉顺序等未做安全技术交底；先张法张拉台座安全系数不足
	7.预应力筋、锚具、夹具和连接器未按相关产品质量要求进行验收和试验；作业前，未对被拉钢丝两端的镦头，锚具、夹具和连接器与机具检查
	8.对已发现的安全隐患整改不及时
	9.机具没有定期进行标定、养护和检修
	10.在六级以上大风、雷雨和雪天进行张拉作业；作业面的外侧边缘与外电架空线路的安全操作距离不足
物的不安全状态	1.高温（35℃以上）露天作业无防护措施
	2.高空进行预应力张拉作业时搭设的站立操作人员和设置张拉设备用的脚手架或操作平台不牢固、不稳定可靠
	3.预应力张拉区域未设置明显的安全标志
	4.高压油泵超载作业，任意或不按设备额定油压调整安全阀
	5.预应力筋严重超张拉
	6.预应力筋锚固端未按设计要求保护

注：排查内容可根据项目实际情况，结合相关规范增加或减少。

钢结构、网架安装安全隐患排查记录表 附表3-18

检查依据：《建筑机械使用安全技术规程》JGJ 33—2012、《建筑施工高处作业安全技术规范》JGJ 80—2016

排查类别	内容
人的不安全行为	1.施工人员连续作业，疲劳过度
	2.未正确使用个人防护用品
	3.作业人员身体状况不能满足施工要求
	4.操作人员未按照指挥人员的信号进行作业
	5.当发现异常情况或疑难问题时，未及时向技术负责人反映
	6.起吊重物时未进行试吊，没有确认重物已挂牢，起重机的稳定性和制动器的可靠性能良好就进行起吊
	7.汽车、轮胎式起重机行驶时，人员在底盘走台上站立或蹲坐，堆放物件
管理缺陷	1.安全生产责任制未建立、落实。安全管理机构不健全
	2.未按规定使用安全生产费用
	3.安全检查制度不落实
	4.施工前未编制专项施工方案或未按规定程序审批，手续不齐全；超过一定规模的危险性较大工程施工方案未按规定进行专家论证
	5.作业人员未经安全教育培训、技能培训与交底，"三类"人员、特种作业、指挥人员无证上岗。起重吊装时无技术和安全人员在场监护，未设置警戒线及明显的警示标志
	6.未按照出厂使用说明书规定超载作业或任意扩大使用范围
	7.发现的安全隐患整改不及时
	8.六级以上强风或浓雾、大雨、大雪等恶劣气候，水、冰、霜、雪未及时清除进行吊装作业。大雨大雪过后作业前，未先试吊，确认制动器灵敏可靠后就进行作业
物的不安全状态	1.高温（35℃以上）露天作业无防护措施
	2.钢柱安装登高时，未使用钢挂梯或设置在钢柱上的爬梯；接柱时未使用梯子或操作台，梯子、操作台不符合高空作业要求
	3.安装钢梁时，未在钢梁两端设置挂梯或搭设脚手架；梁面上无临时护栏或扶手绳
	4.钢屋架安装时未遵守下列规定：在屋架上下弦登高操作时，三角形屋架的屋脊、梯形屋架的两端未设置梯架；吊装前，未在上弦设置防护栏杆、下弦挂设安全网，吊装完毕后，未将安全网铺设固定
	5.焊接作业时未采取防火措施
	6.钢构件吊装时，未按方案采取临时固定措施

注：排查内容可根据项目实际情况，结合相关规范增加或减少。

人工挖孔桩安全隐患排查记录表 附表3-19

检查依据：《建筑地基基础工程施工质量验收规范》GB 50202—2002、《建筑桩基技术规范》JGJ 94—2008、《建筑机械使用安全技术规程》JGJ 33—2012、《施工现场临时用电安全技术规范》JGJ 46—2005

排查类别	内容
人的不安全行为	1.施工人员连续作业，疲劳过度
	2.未正确使用个人防护用品
	3.违章作业、操作不当或误操作
	4.作业人员身体状况不能满足要求
管理缺陷	1.安全生产责任制未建立、落实。安全管理机构不健全，未按规定配备专职安全员
	2.未按规定使用安全生产费用
	3.安全检查制度不落实
	4.施工前未编制专项施工方案或未按规定程序审批，手续不齐全。开挖深度超过16m的人工挖孔桩施工专项方案未经专家论证
	5.施工人员未经安全教育培训与交底，"三类"人员、特种作业人员无证上岗
	6.每日开工前未检测井下的有毒、有害气体，无足够的安全防范措施
	7.作业时井上无专人看守
	8.对周围的建（构）筑物、道路、管线等未定期进行变形观测，发现异常情况未立即停工并采取相应的补救措施
	9.对已发现的安全隐患未及时整改
物的不安全状态	1.孔口周围道路无安全标牌，四周未设置栏杆或栏杆高度小于0.8m
	2.开挖深度超过10m时，无专门的送风设备或风量小于25L/S
	3.桩净距小于2.5m时未采用间隔开挖，相邻桩跳挖的最小施工净距小于4.5m
	4.混凝土护壁厚度、配筋、混凝土强度、拉结钢筋不符合设计要求
	5.孔内未设置软爬梯，作业人员使用麻绳和尼龙绳吊挂，脚踏井壁凸缘上下
	6.电葫芦、吊笼起吊能力未按施工方案配置，安全系数不足，自动卡紧保险装置失效
	7.护壁井圈顶面未高出地面100mm、第一节井壁厚度比下面井壁厚度增加不足100mm
	8.上下节护壁的搭接长度小于50mm，每节护壁施工不连续，护壁混凝土灌注后不足24小时拆除模板，混凝土振捣不密实
	9.孔口周边1m范围内堆放土石方，孔口周边1m范围以外超载
	10.当遇到流动性淤泥和涌土、涌沙时，未采取有效的措施
	11.当渗水量过大时，未采取场地排水、降水等措施，在桩孔中边抽水、边开挖、边灌注（包括相邻桩灌注）

注：排查内容可根据项目实际情况，结合相关规范增加或减少。

拆除、爆破工程安全隐患排查记录表 附表3-20

检查依据：《建筑拆除工程安全技术规范》JGJ 147—2004、《危险性较大的分部分项工程安全管理办法》（建质[2009]87）

排查类别	内容
人的不安全行为	1.施工人员连续作业，疲劳过度
	2.未正确使用个人防护用品，静力破碎剂作业灌浆人员未戴防护手套和防护眼镜
	3.作业人员身体状况不能满足施工要求
	4.违章作业、操作不当或误操作。静力破碎孔注浆后作业人员在注孔区域内行走，未保持安全距离
	5.发现不明物体时，未停止施工或采取相应的应急措施
	6.向下抛掷垃圾
管理缺陷	1.安全生产责任制未建立、落实。安全管理机构不健全，未按规定配备专职安全员
	2.未按规定使用安全生产费用
	3.安全检查制度不落实
	4.施工方案审批手续不全，爆破工程安全施工方案未按规定进行专家论证
	5.施工人员未经安全教育培训与书面交底，"三类"人员、爆破拆除单位无《爆炸物品使用许可证》，爆破拆除设计人员、作业人员无证上岗或超范围作业
	6.对已发现的安全隐患未及时整改
	7.拆除区域未设置醒目的警示标志，安全距离与安全隔离措施不符合要求，无专人监管
	8.拆除设备及施工未按专项方案进行，超载作业或任意扩大使用范围，机械使用场地没有足够的承载力
物的不安全状态	1.高温（35℃以上）露天作业无防护措施
	2.人工拆除作业人员未站在稳定的结构或脚手架上操作，楼板上人员聚集或堆放材料
	3.人工拆除施工未从上至下、逐层拆除、分段进行；垂直交叉拆除作业；作业面的空洞未封闭；采用挖掘或推到的方法拆除建筑墙体
	4.未查清残留物的性质，未采取相应的安全措施进行管道及容器的拆除
	5.影响安全施工的各种管线未拆除；拆除时无消防设施
	6.钻孔与注入破碎剂在相邻静力破碎孔同时施工
	7.机械拆除未遵守下列规定：1）从上至下、逐层分段，2）先拆除非承重结构，再拆除承重结构；3）框架结构按楼板、次梁、主梁、柱子的顺序拆除；4）只进行部分拆除的建筑，保留部分加固后再进行分离拆除
	8.拆除机械回转与行走同时作业
	9.爆破器材的购买、运输、保管不符合规定

注：排查内容可根据项目实际情况，结合相关规范增加或减少。

城市桥梁（现浇法）安全隐患排查记录表　　　　　　附表3-21

检查依据：《城市桥梁工程施工与质量验收规范》CJJ 2—2008

排查类别	内容
人的不安全行为	1.施工人员连续作业，疲劳过度
	2.未正确使用个人防护用品
	3.作业人员身体状况不能满足施工要求
	4.违章作业、操作不当或误操作
管理缺陷	1.安全生产责任制未建立、落实。安全管理机构不健全
	2.未按规定使用安全生产费用
	3.安全检查制度不落实
	4.施工前未编制专项施工方案或未按规定程序审批，手续不齐全；超过一定规模的危险性较大工程安全施工方案未按规定进行专家论证
	5.未按合同规定或经过审批的设计文件施工；未按规定程序办理设计变更或工程洽商手续
	6.作业人员未经安全教育培训、技能培训与安全交底，"三类"人员、特种作业无证上岗
	7.悬臂浇捣挂篮与梁段混凝土的质量比值超过0.7；抗倾覆系数、自锚固系统安全系数、斜拉水平和上水平限位系统安全系数小于2
	8.发现的安全隐患整改不及时
	9.施工区域内管线等建（构）筑物无拆移、加固或保护方案
	10.使用未经检查验收或载重试验合格的悬臂挂篮
	11.水中支架的设计计算未考虑水流荷载和船只或漂流物等冲击荷载
	12.未对模板、支架和拱架进行检查和验收浇捣混凝土
物的不安全状态	1.模板、支架和拱架的设计不符合国家现行标准的规定，没有足够的承载能力、刚度和稳定性
	2.梁段与桥墩非刚性连接，悬臂段混凝土浇捣前未采取临时固结措施
	3.模板、支架和拱架的抗倾覆稳定系数小于1.3；支架和拱架受载后弹性挠度大于结构跨度的1/400
	4.支架立柱的地基没有足够的承载力；地基被水浸泡。无防止支架不均匀下沉的措施

续附表

检查依据：《城市桥梁工程施工与质量验收规范》CJJ 2—2008

排查类别	内容
物的不安全状态	5.支架立柱在排架平面内未设水平横撑，平面外未设斜撑。碗扣支架立柱在5m内水平撑少于两道；碗扣支架立柱高于5m时水平撑间距大于2m，两横撑间未加剪刀撑
	6.支架通行孔两侧未加护桩，夜间无警示灯；易受冲击荷载的河中支架无防护设施或防护设施不牢固
	7.支架和拱架未随安装随架设临时支撑；在风力较大的地区安装拱架未设置风缆；模板安装过程中无防倾覆设施
	8.多层支架的横垫板不水平，立柱不铅直，上下层立柱不在同一中心线；支架或拱架与脚手架、便桥连接
	9.墩、台模板的底部、上部无连接固定措施或连接固定不可靠
	10.桥墩两侧梁段悬臂混凝土未对称、平衡浇捣
	11.承重模板、支架和拱架的拆除不符合附表3-8的规定

注：排查内容可根据项目实际情况，结合相关规范增加或减少。

城市桥梁（装配式）安全隐患排查记录表　　　　　附表3-22

检查依据：《城市桥梁工程施工与质量验收规范》CJJ 2—2008

排查类别	内容
人的不安全行为	1.施工人员连续作业，疲劳过度
	2.未正确使用个人防护用品
	3.作业人员身体状况不能满足施工要求
	4.违章作业、操作不当或误操作
管理缺陷	1.安全生产责任制未建立、落实。安全管理机构不健全
	2.未按规定使用安全生产费用
	3.安全检查制度不落实
	4.施工前未编制专项施工方案或未按规定程序审批，手续不齐全；危险性较大工程安全施工方案未按规定进行专家论证
	5.未按合同规定或经过审批的设计文件施工；未按规定程序办理设计变更或工程洽商手续
	6.作业人员未经安全教育培训、技能培训与安全交底，"三类"人员、特种作业无证上岗

续附表

检查依据：《城市桥梁工程施工与质量验收规范》CJJ 2—2008

排查类别	内容
管理缺陷	7.发现的安全隐患整改不及时
	8.施工区域内管线等建（构）筑物无拆移、加固或保护方案
	9.穿巷式架桥机抗倾覆安全系数小于1.5
	10.悬拼吊架走行及悬拼施工的抗倾覆稳定系数小于1.5
	11.起重机械的性能参数、构造不符合施工方案的要求；吊装前未对设备进行检查、试吊或试运转
	12.起重吊装作业无专人指挥
物的不安全状态	1.构件的吊点不符合计要求；吊绳与构件的交角小于60°时未设置吊梁。
	2.吊装场地不平整、坚实；在电力架空线路附近作业时无相应的安全技术措施；6级（含）风力以上时吊装作业
	3.起重机工作半径和高度内有障碍物；起重机斜拉斜吊；轮胎式起重机吊重物行驶
	4.门式吊梁车作业时前后吊点升降速度不一致；负载行驶未保持慢速、平稳；在导梁上行驶速度大于5m/min
	5.跨墩龙门吊载重时进行纵向移动；吊梁时门架未固定；未垂直起吊；抬吊时，两台龙门吊的起落速度、高度及横移速度不一致；梁体倾斜、偏转或斜拉、斜吊
	6.架桥机就位后支腿及导梁未校平、支垫不牢固
	7.桥墩两侧拼装不对称；平衡偏差不满足设计要求
	8.穿巷式架桥机纵移大梁时前后龙门吊不同步；起吊梁时斜拉；前后龙门吊的小车吊梁横移速度不一致
	9.悬拼施工未按设计要求对墩顶梁段与桥墩临时锚固或设立临时支撑

注：排查内容可根据项目实际情况，结合相关规范增加或减少。

隧道（开挖法）安全隐患检查记录表 附表3-23

检查依据：《公路隧道施工技术规范》JTG F60—2009、《地下铁道工程施工及验收规范》GB 50299—1999、《地铁工程施工安全评价标准》GB 50715—2011

排查类别	内容
人的不安全行为	1.施工人员连续作业，疲劳过度
	2.未正确使用个人防护用品
	3.违章作业、操作不当或误操作

续附表

检查依据：《公路隧道施工技术规范》JTG F60—2009、《地下铁道工程施工及验收规范》GB 50299—1999、《地铁工程施工安全评价标准》GB 50715—2011

排查类别	内容
人的不安全行为	4.非作业人员进入施工区域
	5.自行处理拒爆残药
	6.隧道内运输超载、超速；运输过程进行摘挂作业
管理缺陷	1.安全生产责任制未建立、落实。安全管理机构不健全
	2.安全检查制度不落实。进入施工现场未建立登记管理制度
	3.施工组织设计或专项施工方案未经专家论证或未按规定程序审批，手续不齐全
	4.爆破方案未经建设、公安部门批准。未根据爆破效果及时修正有关爆破参数。爆破作业及爆破物品管理不符合《爆破安全规程》GB 6722—2014的相关规定。爆破作业单位没有相应的资质，作业人员没有资格证书
	5.施工人员未经安全教育培训、技能培训与交底，"三类"人员、监测测量人员、司机及特种作业人员无证上岗
	6.未对开挖范围内的管线、构筑物及建筑物进行迁移或采取加固措施。开挖后未对地质构造进行核对
	7.无应急预案。未按规定配备抢险应急物资
	8.未编制监测方案；监测安全工作制度不落实。监控量测的项目、频率不符合监测方案、设计和规范的要求，数据不真实。量测数据不能及时分析、处理和反馈。测点无保护措施
	9.未建立运输调度系统，车辆管理混乱
物的不安全状态	1.临时房屋布置在易受洪水、泥石流、塌方或滑坡的地段。施工现场未实施封闭管理，危险部位、设施设备、危险物资存放处、高空作业及有限空间作业没有明显的安全警示标志
	2.竖井的结构、提升架不符合设计要求；提升设备超负荷运行，不及时检查、维修或保养；上下无联络信号
	3.施工运输便桥的载重和通过能力不符合使用要求；无交通警示标志或安全防护措施
	4.开挖作业和出渣运输不符合施工方案的要求
	5.边坡和仰坡以上的表土、灌木及危石未清理或未加固。不良地质的边坡和仰坡未按设计要求加固
	6.边坡和仰坡采用掏底开挖或上下重叠开挖
	7.隧道内、洞外及洞口、仰坡的排水系统不完善。含水地层隧道开挖面未实施有效的降水措施
	8.当洞内有易燃易爆气体时，无防爆措施
	9.洞内通风设施和风量、风速、风压不符合施工方案的要求。有害气体或粉尘浓度超过规定

续附表

检查依据：《公路隧道施工技术规范》JTG F60—2009、《地下铁道工程施工及验收规范》GB 50299—1999、《地铁工程施工安全评价标准》GB 50715—2011

排查类别	内容
物的不安全状态	10.瓦斯隧道爆破地点20m内瓦斯浓度大于1.0%，总回风道风流中瓦斯浓度大于0.75%，开挖面瓦斯浓度大于1.5%
	11.隧道支护滞后，支护材料的规格、强度和刚度等不符合设计要求。支护钢架拱脚基础不牢固。钢架与围岩之间的间隙未用喷射混凝土充填密实
	12.喷射混凝土前未检查和处理危石，施工作业台架不牢固，未设置安全栏杆
	13.混凝土衬砌的断面尺寸和强度不符合设计要求。拱顶未预留注浆孔或注浆孔的位置、数量、注浆的压力或砂浆的强度不符合设计要求
	14.锚杆支护的锚杆数量、长度或锚拔力不符合设计要求
	15.超前导管或导棚的钢管直径、长度、间距、角度、搭接及注浆孔的间距不符合设计要求；浆液的材料、配合比、注浆方法、注浆压力或注浆量不符合施工规范或设计要求
	16.隧道的循环进尺超过规范或设计要求；挖、支、喷脱节
	17.有轨线路的铺设不符合设计要求

注：排查内容可根据项目实际情况，结合相关规范增加或减少。

隧道（盾构法）安全隐患检查记录表　　　　附表3-24

检查依据：《公路隧道施工技术规范》JTGF 60—2009、《地下铁道工程施工及验收规范》GB 50299—1999、《地铁工程施工安全评价标准》GB 50715—2011、《盾构法隧道施工与验收规范》GB 50446—2008

排查类别	内容
人的不安全行为	1.施工人员连续作业，疲劳过度
	2.未正确使用个人防护用品
	3.违章作业、操作不当或误操作
	4.非作业人员进入施工区域
管理缺陷	1.安全生产责任制未建立、落实。安全管理机构不健全
	2.安全检查制度不落实。进入施工现场未建立登记管理制度
	3.施工组织设计或专项施工方案未经专家论证或未按规定程序审批，手续不齐全

续附表

检查依据：《公路隧道施工技术规范》JTGF 60—2009、《地下铁道工程施工及验收规范》GB 50299—1999、《地铁工程施工安全评价标准》GB 50715—2011、《盾构法隧道施工与验收规范》GB 50446—2008

排查类别	内容
管理缺陷	4.施工人员未经安全教育培训、技能培训与交底，"三类"人员、监测测量人员、司机及特种作业人员无证上岗
	5.施工前未核对沿线地质资料，未对疑难地段进行复勘。未查清沿线管线、构筑物及临近建筑物并采取保护措施
	6.未编制监测方案；未建立完整的测量和监控量测系统；监控量测的项目、频率不符合监测方案、设计和规范的要求，数据不真实。量测数据不能及时分析、处理和反馈。测点无保护措施
物的不安全状态	1.未根据设计或施工方案的要求进行降水或地基加固
	2.施工现场未实施封闭管理。危险部位、设施设备、危险物资存放处及有限空间作业没有明显的安全警示标志
	3.竖井结构不能满足井壁支护或盾构推进后座的强度和刚度要求。井口周围无防淹墙或防护栏杆
	4.竖井提升架不符合设计要求；提升设备超负荷运行，不及时检查、维修或保养；上下无联络信号
	5.盾构基座没有足够的强度和刚度；未根据施工方案的要求对隧道井口的土体加固。盾尾离开井壁时，未及时安装隧道洞口与管片之间空隙的密封装置
	6.盾构掘进速度与地表控制的隆陷值、进出土量、正面土压平衡调整值及同步注浆不协调；停歇时间较长时，未及时封闭正面土体
	7.遇到下列情况时，未停止掘进并及时采取措施：1）前方发生坍塌或有障碍物；2）盾构推力较预计的增大；3）发生危及管片防水、运输及注浆故障等
	8.钢筋混凝土管片的安装不符合施工方案和施工验收规范的要求。管片破损或渗漏
	9.衬砌管片脱出盾尾时，未及时进行壁后注浆
	10.注浆孔的位置、浆液的材料、配合比、注浆方法、注浆压力或注浆量不符合施工规范或设计要求
	11.洞内通风设施和风量、风速、风压不符合施工方案的要求。有害气体或粉尘浓度超过规定
	12.联络通道的施工不符合施工方案的要求

注：排查内容可根据项目实际情况，结合相关规范增加或减少。

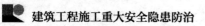

市政给水排水管道工程安全隐患检查记录表 附表3-25

检查依据：《给水排水管道工程施工及验收规范》GB 50268—2008

排查类别	内容
人的不安全行为	1.施工人员连续作业，疲劳过度
	2.未正确使用个人防护用品
	3.违章作业、操作不当或误操作
	4.作业人员身体状况不能满足要求
管理缺陷	1.安全生产责任制未建立、落实。安全管理机构不健全
	2.未按规定使用安全生产费用
	3.安全检查制度不落实
	4.施工前未编制专项施工方案或未按规定程序审批，手续不齐全
	5.施工人员未经安全教育培训、技能培训与交底，"三类"人员、特种作业人员无证上岗
	6.市政给水排水管道工程没有按分部、分项工程进行定期检查，安全隐患未及时处理，也未履行复查验收手续
	7.沉管和桥管施工方案未征求相关河道管理等部门的意见
物的不安全状态	1.给排水管道铺设完毕，未及时回填沟槽
	2.未采取有效措施控制施工降排水对周边环境的影响
	3.堆土距沟槽边缘小于0.8m，且高度超过1.5m，或堆土高度超过设计堆置高度
	4.撑板支撑或钢板桩支撑未按施工方案设置
	5.地面坡度大于18%，且采用机械法施工时，未采取措施防止施工设备倾翻
	6.对管（隧）道沿线范围地表或地下管线等建（构）筑物未设置观测点或未按方案进行监控测量
	7.工作井土方开挖过程中，未遵循"开槽支撑、先撑后挖、分层开挖、严禁超挖"的原则进行开挖与支撑
	8.工作井在地面井口周围未设置安全护栏、防汛墙和防雨设施
	9.工作井内未设置便于上下的安全通道

续附表

检查依据：《给水排水管道工程施工及验收规范》GB 50268—2008

排查类别	内容
物的不安全状态	10.工作井后背墙结构强度与刚度不满足顶管时的最大允许顶力和设计要求
	11.顶管顶进过程中出现异常，未立即停止顶进
	12.顶进作业时，作业人员在顶铁上方及侧面停留
	13.浅埋暗挖施工中，每开挖一榀钢拱架的间距，未及时支护、喷锚、闭合，出现超挖
	14.沉管和桥管施工处于通航河道时，夜间施工无保证通航的照明，沉管未按国家航运部门有关规定设置浮标或在两岸设置标志牌，标明水下管线的位置，桥管未按国家航运部门的有关规定和设计要求设置防冲撞的设施或标志
	15.在浮箱或船上进行管道接口连接时，未将浮箱或船只锚泊固定，未设置专用的管道（段）扶正、对中装置
	16.管道功能性试验涉及水压、气压作业时，未采取安全防护措施

注：1.给排水管道安装采用盾构法施工时，可按附表3-24进行检查。
　　2.排查内容可根据项目实际情况，结合相关规范增加或减少。

施工现场消防安全隐患检查记录表　　　　　　　附表3-26

检查依据：《建设工程施工现场消防安全技术规范》GB 50720—2011

排查类别	内容
人的不安全行为	1.违章作业、操作不当或误操作
	2.施工现场吸烟
管理缺陷	1.消防安全生产责任制未建立、落实。消防安全管理机构不健全
	2.消防安全检查制度不落实
	3.未编制施工现场消防安全专项方案或未按规定程序审批，手续不齐全。无应急预案
	4.未进行消防安全培训、教育或技术交底。动火作业未办理许可证；作业人员无相应的资格
物的不安全状态	1.临时房屋、临时设施或临时消防救援的场地布置不满足现场防火、灭火或人员疏散的要求。出入口和道路不满足消防车通行的要求。可燃材料堆场及加工场、易燃易爆危险品仓库布置在架空电力线路下
	2.临时房屋未采用A级燃烧性能的建筑构件，金属夹芯板芯材的燃烧性能小于A级。在建工程与易燃易爆危险品库房的距离小于15m；与可燃材料堆场及加工场、固定动火作业场的距离小于10m；与其他临时房屋、临时设施的距离小于6m

续附表

检查依据：《建设工程施工现场消防安全技术规范》GB 50720—2011

排查类别	内容
物的不安全状态	3.发电机房、变配电房、厨房、易燃易爆危险品及可燃材料库房超过一层或建筑面积大于200m²
	4.疏散通道未采用不燃、难燃材料建造，未与工程结构施工同步设置，凌空面未设置防护栏杆或栏杆高度低于1.2m
	5.既有建筑改建、扩建时，施工区与非施工区划分不明确；施工区进行营业、使用和住宿。非施工区营业、使用和住宿时，未遵守下列规定：1）防火分隔墙不得开设门、窗、洞口或耐火极限应大于3小时；2）非施工区的消防设施完好有效，疏散通道畅通；3）施工区应配备专职消防安全值班人员，发生火情时能立即处置。4）施工单位应向居住和使用者进行消防宣传教育，并组织疏散演练；5）外脚手架不应影响人员疏散、消防车通行和灭火救援，搭设长度不超过外立面周长的1/2
	6.高层建筑或既有建筑改造工程的脚手架架体未采用不燃材料；未采用阻燃型安全防护网
	7.作业场所无明显的疏散指示标志或安全疏散示意图。未在发电机房、变配电房、水泵房、疏散通道等重要场所配置应急照明
	8.未配置灭火器或灭火器的配置不符合附表3-27的规定
	9.建筑高度大于24m或单体体积大于30000m³的未设置室内消防给水系统。消火栓泵未采用专用配电线路或专用配电线路未从总配电箱的总短路器上端接入，不能保证不间断供电。无备用消防栓泵
	10.临时消防设施与主体结构的施工进度差距超过3层。无稳定、可靠的消防水源或储水池。临时室外消防用水量不符合附表3-28、附表3-29的要求
	11.室外消防给水干管或室内竖管的直径小于100mm；竖管少于2根，结构封顶未形成环状；室外消火栓间距大于120m。室内消防用水量小于附表3-30的要求
	12.没有在每层设置消火栓及消防软管接口；消火栓或软管接口的间距：多层大于50m，高层大于30m；结构完成后未在每层楼梯处设置2套消防水枪、水带及软管
	13.100m以上的高层建筑未设置中转水池及加压泵；中转水池的容积小于10m³
	14.易燃易爆物品未分类库房储存；库房内无通风措施或禁止明火标志
	15.室内进行油漆及其他有机溶剂、乙二胺、冷底子油等产生易燃气体的材料施工时，无良好的通风或未采取防静电措施
	16.动火作业前未清理周边的可燃物或采用不燃物遮盖、隔离。在可燃材料上直接进行动火作业
	17.动火作业未配备灭火器，无动火监护人。五级以上风力进行室外动火作业时无可靠的防风措施。动火作业后，未进行安全检查，确认无火灾隐患
	18.在具有火灾、爆炸危险的场所使用明火
	19.使用减压器及其他附件缺损的氧气瓶；使用乙炔专用减压器、回火防止器以及其他附件缺损的乙炔瓶。氧气瓶与乙炔瓶的间距小于5m；气瓶与明火作业点的距离小于10m

注：排查内容可根据项目实际情况，结合相关规范增加或减少。

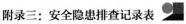

灭火器的配置要求 附表3-27

项目	固体物质火灾		液体或可熔化固体物质火灾、气体火灾	
	单具灭火器最小灭火级别	单位灭火级别最大保护面积(m²/A)	单具灭火器最小灭火级别	单位灭火级别最大保护面积(m²/B)
易燃易爆危险品存放及使用场所	3A	50	89B	0.5
固定动火作业场	3A	50	89B	0.5
临时动火作业点	2A	50	55B	0.5
可燃材料存放、加工及使用场所	2A	75	55B	1.0
厨房操作间、锅炉房	2A	75	55B	1.0
自备发电机房	2A	75	55B	1.0
变、配电房	2A	75	55B	1.0
办公用房、宿舍	1A	100	—	—

临时用房消防用水量 附表3-28

临时用房的建筑面积之和	火灾延续时间（h）	消火栓用水量（L/s）	每支水枪最小流量（L/s）
1000m² < 面积 ≤ 5000m²	1	10	5
面积 > 5000m²		15	5

在建工程消防用水量 附表3-29

在建工程（单体）体积	火灾延续时间（h）	消火栓用水（L/s）	每支水枪最小流量（L/s）
10000m³ < 体积 ≤ 30000m³	1	15	5
体积 > 30000m³	2	20	5

室内消防用水量 附表3-30

建筑高度、在建工程体积（单体）	火灾延续时间（h）	消火栓用水量（L/s）	每支水枪最小流量（L/s）
24m < 建筑高度 ≤ 50m或30000m³ < 体积 ≤ 50000m³	1	10	5
建筑高度 > 50m或体积 > 50000m³		15	5

青川县未成年人校外活动中心
参加援建和业已捐资的单位、团队和个人名单

工程建设安全技术与管理丛书全体作者
海南亚洲制药股份有限公司
浙江大学建筑设计研究院
中国建筑工业出版社
温州东瓯建设集团股份有限公司
浙江省建筑装饰行业协会
浙江省建工集团有限责任公司
浙江中南集团
永康市古丽高级中学
杭州市建筑设计研究院有限公司
浙江省武林建筑装饰集团有限公司
温州中城建设集团股份有限公司
浙江工程建设监理公司
宁波弘正工程咨询有限公司
桐乡市城乡规划设计院有限公司
浙江华洲国际设计有限公司
新昌县人民政府
宁波市城市规划学会
宁波市规划设计研究院
义乌市城乡规划设计研究院
金华市城乡规划学会
温州市城市规划设计研究院
温州市建筑设计研究院
宁海县规划设计院
余姚市规划测绘设计院

宁波市鄞州区规划设计院
奉化市规划设计院
浙江诚邦园林股份有限公司
浙江诚邦园林规划设计院
浙江瑞安市城乡规划设计研究院
金华市城市规划设计院
东阳市规划建筑设计院
永康市规划测绘设计院
浙江中南卡通股份有限公司
浙江省诸暨市规划设计院
浙江省宁波市镇海规划勘测设计研究院
浙江武弘建筑设计有限公司
慈溪市规划设计院有限公司
浙江高专建筑设计研究院有限公司
乐清市城乡规划设计院
温州建苑施工图审查咨询有限公司
宁波大学建筑设计研究院有限公司
平阳县规划建筑勘测设计院
卡尔·吕先生（澳大利亚）林岗先生
浙江同方建筑设计有限公司
袁建华先生
宁波市轨道交通集团有限公司
宁波市土木建筑学会
浙江建设职业技能培训学校
电子科技大学计算机科学与工程学院
上海瑞保健康咨询有限公司 李晓松先生
浙江华亿工程设计有限公司
徐韵泉老师 钟季鎏老师
杭州大通园林公司
浙江天尚建筑设计研究院
浙江荣阳城乡规划设计有限公司
衢州规划设计院有限公司
中国美术学院风景建筑设计研究院

森赫电梯股份有限公司
嘉善县城乡规划建筑设计院
慈溪市城乡规划研究院
温州建正节能科技有限公司
董奇老师 吴碧波老师 夏云老师
云和县永盛公路养护工程有限公司
浙江宏正建筑设计有限公司
浙江双飞无油轴承股份有限公司
浙江蓝丰控股集团有限公司
浙江城市空间建筑规划设计院有限公司
浙江玉环县城乡规划设计院有限公司
台州市黄岩规划设计院
象山县规划设计院
湖州市公路局